中國美術分類全集

中國建築藝術全集

18

私家園林

中國建築藝術全集編輯委員會　編

《中國建築藝術全集》編輯委員會

本卷主編

陳　薇　東南大學教授

攝影

朱家寶

凡例

一　《中國建築藝術全集》共二十四卷，按建築類別、年代和地區編排，力求全面展示中國古代建築藝術的成就。

二　本書為《中國建築藝術全集》第十八卷『私家園林』。

三　本書圖版按北京私家園林、江南私家園林、嶺南私家園林、皖南私家園林編排，詳盡展示了中國私家園林的主要特征和藝術表現。

四　卷首載有論文《中國私家園林》，深入研究了中國園林的沿革、分類和藝術表現。在其後的圖版部分精選了二百一十一幅中國園林照片。在最後的圖版說明中對每幅照片均做了簡要的文字說明。

目錄

中國私家園林

引言

曾經讀過一本書，曰『美是一種人生境界』，讀后感觸良多。該書作者從人生的經歷出發，引發了關于審美理論困惑與澄清的若干探討。其可貴之處，一是對皮肉上熬出來的信仰的追求；二是背離了傳統美學的思路，獨闢蹊徑地將現實人生作為美學主要的研究對象。

實際上，古往今來，個性的感覺中總存在蘊含著一些共性的東西，這就是我們現在讀千古文章仍有人生感悟的原因。或許正是在這個層面上，中國古代私家園林，于今仍受青睞，即私家園林是以人生追求為出發點的，恰為可貴。

對于中國古代私家園林，論著尤豐，認識則見仁見智。如涉及最多的『意境美』問題，其思想底蘊就有儒、道、佛各說法。一說儒家之中庸、平和，對園林講究含蓄影響最深；二說道家以自然為本，實為園林追崇自然之趣的肇始；三說佛家注重空靈，是園林的最高境界；也有綜合一、二而捨弃三者，等等等等，不一而足。然反觀園林遺存和文獻，私家園林之根本還是和園主人自身關係最密切。適時適地適處，成就了他們的人生追求。園林無疑為最真切的表現。

誠然，個人不能脱離背景，這就是我們講的時代性、地域性和一個階層的大環境對個人的影響和作用，但私家園林之獨特，還在于因時因地因材和因人。也正因為此，我們纔能看到如此精彩紛呈的私家園林畫卷。

從人生境界美去領悟，是為導讀和引言。

一　私家園林的起源和發展

考証『私家』出處，幾乎均與『皇家』相對，又有與『公家』相別之說。幾已約定俗成。

從中國封建晚期的情形看，私家園林和皇家園林風格迥异，各成特徵，已無非議。因此在人們的認識中，似乎私家園林總是內向的、親切的、精緻的、小巧的，其實不然。它的跌宕起伏，多維變化，經歷了豐富的發展過程。

《禮記・禮運》：『冕、弁、兵革，藏于私家，非禮也』。孔穎達疏：『私家，大夫以下稱家。冕，是衮冕；弁，是皮弁；冕弁是朝廷之尊服，兵革是國家防衛之器，而大夫私家藏之，故云非禮也』。私家，即古代大夫以下之家〔一〕。

中國古代統治階級，在國君之下有卿、大夫、士三級。大夫以下，主要是指大夫和士這個階層了。關于大夫，在各朝代屢有變化。秦漢以後，中央要職有御史大夫，備顧問者有諫大夫、中大夫、光祿大夫等。隋唐以後，大夫為高級官階稱號。關于士，商、周、春秋時，為最低級的貴族階層。春秋時，士多為卿大夫的家臣，有的有食田，有的以俸祿為生，《國語・晉語四》云：『大夫食邑，士食田』。春秋末年以後，士逐漸成為統治階級中知識分子的通稱了。與此同時，還有將『大夫』和『士』合并為『士大夫』一說，是智力優异的知識分子，泛指官僚階層。《考工記》：『作而行之，謂之士大夫』，鄭玄注：『親受其職，居其官也』。當時，儒教最能代表這個階層世界觀的思想，所謂以『道』自任。《史記》、《漢書》中均常見『士大夫』的字樣，不過《史記》中的士大夫，主要指武人而言，而孔子、蕭何、曹參、梁孝王等俱列為世家，管子、老子則入列傳。惟《漢書》係東漢人手筆，班固著史時，其所用名詞，可能已滲入當時社會所流行的意義，至少在東漢，所謂士大夫可以在概念上將皇戚、士族、大姓、官僚、縉紳、豪右、強宗等不同的社會稱號統一起來。

我們要談的私家園林，該是從這個階層的園林說起。這個階層的人，有地位、有文化，他們的思想意趣，隨朝代更替、社會變化、經濟盛衰、風尚流行等，反應最敏感；他們的地位升遷也最模糊，進可接近皇室，退則成為庶民。這種特有的邊緣人層次，決定了中國古代私家園林自開始就是獨特的，且在後來的發展中呈現出豐富多彩的畫面。

第一階段：從分享自然到鋪陳自然（先秦——漢）

在我們了解早期私家園林之前，園圃不得不提。西周時期，隨著農業生產的進步，園圃業有了較大發展。《周禮・天官・大宰》曰：『園圃毓草木』，鄭玄注：『木曰果，草曰瓜』，泛指樹木與蔬菜兩大類。金文中園字作『𡇒』（甲骨文中尚未出現園字），是其象形表現。《詩經・鄭風・將仲子》有『無逾我園』之句，鄭注曰：『樹果蓏曰圃，園其樊也』，可謂佐證。然而，何等人享有園圃呢？《禮記》王制曰：『上農夫食九人』，『諸侯之下士視上農夫，祿足以代其耕也』。可以看出，士不田作，但享有土地，必然相應擁有農田、園圃。《詩經》中有不少關于園圃的描寫〔二〕，這些園圃一般靠近住宅，不僅可提供生活資料，成為生活空間的一部分，而且有了觀賞價值。

至春秋戰國時，王公貴族的宅第普遍園圃化。衛國的孔圉有宅在園圃中〔三〕，魯國的季武子、季文子都有園圃〔四〕。園圃改善了居住環境，同時也是主人日常宴飲游玩的主要場所。可以說，園圃是私家園林最初之狀態，與之相呼應的是庭園中自然植物占有相當的比重。『合百草兮實庭，建芳馨兮廡門』〔五〕，顯然是指在庭院中栽種花草，《楚辭・九歌・少司命》曰：『秋蘭兮蘼蕪，羅生兮堂下。綠葉兮素枝，芳菲兮襲予』，為文獻之證。

傳説戰國時代莊周居處的漆園，恐怕是有案可稽的最早的私家園林了。莊周為河南歸德城東北的人，楚威王聽説莊周賢能，意欲請他為相，他不應此任，退居而著《莊子》。漆園在歸德城東北的小蒙城內，傳説他居于該地時夢見蝴蝶變化，遂著莊子思想。考察戰國諸子百家，各有所長，如墨子、韓非、蘇秦、張儀等都出于這一時代，但此時這一階層的人已是『游士』，不如春秋時代禮樂傳統最成熟階段時『士』都是有職之人，在現實中，游士承受巨大生活壓力，才智雖優而財力缺乏，故估計漆園祇是園圃性質，僅分享自然情趣而已。

秦漢之際，一方面，由于秦時驅逐游士帶來士人數量減少，另一方面，漢高祖又復『慢而侮人』（王陵語），甚至解儒生冠而溲溺其中，從而士人地位塵下，于政權之建立鮮能為力。在這種情形下，一般私家園林祇配園圃擴大以娛情，如河南淮陽于莊西漢前期墓中出土的一座大型陶宅邸，住宅的右側為一庭園，其中有園圃池塘，田地劃分整齊，便是此種情形。又如漢宣帝時期的辭賦家王褒撰有《僮約》，其中描述了蜀郡王子淵的後宅園，園中『種植桃李，梨柿柘桑。三丈一樹，八尺為行。果類相從，縱橫相當。……後園

圖一　兩城鎮仙人・水榭人物畫像　東漢

圖二　宴享畫像　東漢

縱養，雁鶩百餘，……長育豚駒』〔六〕，亦如此，同時可看出漢時私家園林中，除植物外又有動物作為賞物。

西漢中期以後，工商巨富壟斷經濟，『貴人之家，……宮室溢于制度，并兼列宅，隔絶閭巷，閣道錯連足以游觀，鑿池曲道足以騁鶩，臨淵釣魚，放犬走兔……』，『積土成山，列樹成林』〔七〕，私家園林已很鋪張。甚至有豪富袁廣漢園，斗膽仿皇家園林而建，不過最後袁招致被殺。據載，『茂陵富民袁廣漢，藏鏹巨萬，家僮八九百人。于北（邙）山下築園，東西四里，南北五里』〔八〕。《西京雜記》描述説：『激流水注其內。構石為山，高十餘丈，連延數里。養白鸚鵡、紫鴛鴦、牦牛、青兕、奇獸怪禽，委積其間。積沙為洲嶼，激水為波濤，其中致江鷗海鶴，孕雛産鷇，延漫林池。奇樹异草，靡不具植。屋皆徘徊連屬，重閣修廊，行之，移晷不能遍也』。袁獲罪被誅後，園被没入官，鳥獸草木移入上林苑。對于私家園林這種鋪張之行和無以復加，漢成帝曾『幸商第，見穿城引水，意恨，内銜之未言。後微行出，過曲陽侯第，又見園中土山漸台，似類白虎殿，于是上怒』〔九〕，并于永始四年詔禁。在風格上，此時私家園林置景粗放，主要為種植廣博，動物活鮮，山水配合建築構成圖景。

東漢時，基本延續此情形，植物和動物在一般私家園林中仍然是主要觀賞內容，這在出土的畫像磚上有清晰表現。如山東微山兩城鎮出土的水榭人物畫像磚上，用淺浮雕刻出的四阿水榭下的水中有魚、鱉、水鳥，水榭上兩人端坐觀賞，一人憑欄垂釣（圖一）；又如公元一九五六年江蘇銅山苗山出土的宴享畫像磚，刻有這樣圖景：畫分兩格，下一格為庖廚為主人准備美餚，上一格建築內有三人扶琴行樂，右院內有樹木假山，左上方有飛鳥喙銜（圖二）。而于主人地位甚高的園林而言，假山、樹木、動物均規模勝其一籌。東漢有一個有爭議的園林，這就是梁冀園。所謂『有爭議』，即該園似乎介于私家園林和皇家園林之間，難以區分。梁冀原本是一皇戚，其妹為皇后，但在順帝死後，他竟立沖、質、桓三帝，專斷朝政近二十年，驕奢粗暴，終被迫自盡。他生前所建的園林，『采土築山，十里九坂，以象二崤，深林絶澗，有若自然，奇禽馴獸，飛走其間』〔一〇〕。園林已由分享自然轉向鋪陳自然，進而對自然進行模擬和縮景，為私家園林對自然景物的發軔階段。這個過程與皇家園林在最初的發展情形一致。

但至此，應該看到，私家園林中所體現的對自然的認識還是感性的、膚淺的，正如晉人裴秀《禹貢地圖序》曰：『漢時《輿地》及《括地》諸雜圖，……各不設分率，又不考正准望，亦不備載名山大川。雖有粗形，皆不精審，不可依據……』。分享自然也好，把對物占有作為目標進行鋪陳也罷，同于漢畫山林，純屬大概，無細部可觀，更不曉知微見著，人們主要關注的是對自然客體的占有和『形』的體認。

第二階段：從順應自然到表現自然（魏晉——唐）

在論及漢以後的魏晉時期私家園林時，有必要探討一下漢末至魏晉士大夫階層人格的轉變。西漢末葉，士人已不再是無根的游士，而是具有深厚的社會基礎的『士大夫』了。這種社會基礎，具體地説，便是宗族。士與宗族的結合，便産生了中國歷史上著名的士族。東漢的情形是：不是士族跟著大姓走，而是大姓跟著士族走。但到了東漢中葉以後，逐漸顯示出政權在本質上與士大夫階層的重重矛盾，最終藉著士族大姓的輔助而建立起來的政權，還是因為與士大夫階層失去協調而歸于滅亡。而士大夫經過『王莽篡位』時的浩然裂冠毁冕而遁迹于山林，和東漢中晚期對應『主荒政謬』的第二次隱逸之後，在矛盾的夾縫中找到了一種合適的生活方式，乃歸田園居。但隱為其表，逸為其實。到了魏晉南北朝時，士大夫集學、事、爵為一身，在社會上具相當地位，他們的思想、意趣和追求，成就了一代藝術新風，私家園林崇尚自然的審美思想便是在這個階段得到重要發展的。

一方面，『以無為本』作為出發點的魏晉玄學風行，并顯現于對自然山水的追崇。『山水有清音，何必絲與竹』（一一），山水成為對抗門閥的一種依據和象徵。造園走出城市選擇郊野，宅居置于莊園之中，是一突出體現。史籍上所説的『竹林七賢』，『竹林』就是嵇康在山陽（今江蘇淮安）縣城郊的一處別墅。

另一方面，士大夫一改漢儒為官作文而轉化為個體情緒表達的同時，并未走向對理想的否定方面，人們仍是希望在自然中探求浮游于天地之際并與萬物相親互合的人生觀。如陶淵明蔑視功名利禄，不為五斗米折腰，寧願回到田園去，『種豆南山下』，『帶月荷鋤歸』，并且布置『日涉以成趣』的素樸小園，門前祇以柳樹為蔭，園内惟有竹籬茅舍，但『已矣乎，寓形宇内復幾時，曷不委心任去留』（一二），很無奈。又如謝安『于土山營墅，樓館林竹甚盛，每携中外子侄往來游集，餚饌亦屢費百金，世頗以此譏焉，而安殊不以屑意』（一三）。可見，士大夫建私家園林，或簡樸或奢侈，都將具體的生活方式，直指人生追求。

這種藉助自然山水以怡情的生活方式，在當時成為風尚。臨水行祭，以祓除不祥，謂之『修禊』，始于三國，但蘭亭聚會名為『修禊』，其内涵遠遠超過原義而升騰為雅緻的文

圖三　蘭亭修褉圖　明永樂

化行為（圖三）。王羲之《蘭亭集序》對此有明確表述：『此地有崇山峻嶺，茂林修竹，又有清流急湍，映帶左右，引以為曲水流觴，列坐其次。雖無絲竹管弦之盛，一觴一咏，亦足以暢敘幽情』。這種本因淡泊情懷取之于自然，但又以自然真情來寄托一種追求的行為，實是一種『逝反』，由大到小再到大，是從『仰觀宇宙之大，俯察品類之盛』到『足以極視聽之娛』，再及『因寄所托，放浪形骸之外』〔一四〕的過程。

于此情形下的私家園林，擇址至為關鍵。如西晉時石崇的金谷園，便因選位于金谷澗而得名。金谷澗在今河南洛陽市西北，金水發源于鐵門縣，東南流，經此谷注入瀍水，故名金谷澗，石崇築園于此。石崇《金谷詩序》云：『有別廬在河南縣界金谷澗中，或高或下，有清泉茂林，衆果竹柏藥草之屬，莫不皆備。又有水碓、魚池、土窟，共為娛目歡心之物備也』。從而可以『感性命之不永，懼凋落之無期』〔一五〕。又如謝靈運《山居賦》所記園址『左湖右江，往渚還汀』，也是選擇一可以『逝反』的地方。其範圍內『緈陌縱橫，塍埒交徑』；園中『植物既載，動類亦繁』；山居或『導渠引流』，或『羅層崖于户裏』，或『列鏡瀾于户前』，而最終是為了『欣見素以抱樸』，返古歸真。

同時，順應自然進行營建為突出特點。一是依山傍水栽培植被，如《南史》載謝靈運『穿池植援，種竹樹果』；王導西園則是聞郭文『倚木于樹，苫覆其上而居焉，亦無壁障』〔一六〕後派人迎置而成，從而『園中果木成林，又有鳥獸麋鹿』〔一七〕；還有《小園賦》的記載『猶得敧側八九丈，縱横數十步，榆柳三兩行，梨桃百餘樹』〔一八〕。二是對自然略為加工，『經始』、『穿築』和『修理』，如《宋史·劉勔傳》『勔經始鍾嶺之南，以為栖息』；《南史·蕭嶷傳》『自以地位隆重，深懷退素，北宅舊有園田之美，乃盛修理之』；《南史·孫瑒傳》『家庭穿築，極林泉之致』。

再則，已出現人造山林以娛情寄情。北有洛陽張倫宅園『造景陽山，有若自然。其中重岩復嶺，嵚崟相屬；深蹊洞壑，邐遞連接。高林巨樹，足使日月蔽虧；懸葛垂蘿，能令風烟出入。崎嶇石路，似壅而通；崢嶸澗道，盤紆復直』，由于意境逼真，『是以山情野興之士，游以忘歸』〔一九〕。南有會稽司馬道子園『山是板築而作』〔二〇〕和吳郡顧闢疆園『池館林泉之勝』，可以『放蕩襟懷水石間』〔二一〕。

借景也成為必然。如謝朓有《紀功曹中園》：『蘭亭仰遠風，芳林接雲崿』之句和另詩『窗中列遠岫，庭際俯喬林』〔二二〕。這和梁冀園『窗牖皆有綺疏青瑣，圖以雲氣仙靈』，乃霄壤之別。

此時，順應自然，或擇址、或經營、或借景、或創造，主要是因寄所托，關『情』為

圖四　輞川別業示意圖

最。但也應該看到，魏晉南北朝時期的士大夫建造的私家園林，是他們隱為表逸為實的場所，有的園林亭台樓閣備極華麗。因此也纔有綠珠跳樓、石崇被殺、園亦被占的事情〔二三〕。有的人寄情山水很勉强，如謝靈運最後還是按捺不住，以至丢了性命。

但到了唐代，情形發生了變化。司勛劉郎中別業，『霽日園林好，清明烟火新。以文常會友，惟德自成鄰。池照窗陰晚，杯香藥味春。欄前花覆地，竹外鳥窺人。何必桃源裏，深居作隱淪』。不甘隱居之心道破。確實，隱士最受寵、最春風得意的是在唐代，由于對超然世外的隱逸生活方式被認為是高尚品德的體現，從而在唐代也就特別興起一股走『終南捷徑』的風氣。有的是『身在江湖，心在魏闕』，如孟浩然；以『中隱』聞名的是白居易；還有一度『隱于朝堂之上』的『大隱』人士李泌；也有因辭官或淪落而退隱的士大夫等。總之，有唐一代，文人在入世行『勢』和出世入『道』方面，是最為心安理得和社會給予最寬鬆的時候，這就使得文人園和城市宅園在這個時期得到很大發展。文人園多在風景幽美的地方，而城市宅園多集中于長安、洛陽兩京地區。在風格上，唐代私家園林較魏晉時期的立意高遠，對待自然，是更積極的利用和開挖，呈現出一種明朗而情理相諧的風貌。

（二）文人園：

·王維的輞川別業：王維，知音律，善詩畫，以詩畫成就為最大，仕途也很順利，官至尚書右丞，天寶間在輞川隱居，實際上過著亦官亦隱亦居士的生活，但『安史之亂』後宦途失意，辭官到輞川終老。輞川地具山水之勝，溪澗旁通，諸水輻輳，宛如輪輞，故名輞川。其地在今陝西藍田縣西二十里。唐初，詩人宋之問曾卜居于此。王維買下宋氏舊址構築別業，因在『輞川山谷』而得名，『地奇勝，有華子崗、欹湖、竹里館、柳浪、茱萸沜、辛夷塢』〔二四〕。王維充分利用豐富的自然條件和湖光山色之勝，點綴以亭、橋、館、塢等，養殖鹿鶴，栽種玉蘭，并以地貌和植物命名景點，形成自然之美（圖四）。也開創了以景為單位經營園林的手法。

·白居易的廬山草堂：這是白居易在江西廬山所建的山居別業，又曰遺愛草堂。唐憲宗元和十年（公元八一五年）白居易被貶為江州（今九江）司馬，職微事閑，感傷淪落，乃寄情山水，築園自娱，至愛這充滿了自然野趣的草堂，自撰《草堂記》。他寫信告訴好友元稹說：『僕去年秋，始游廬山，到東、西二林間，香爐峰下，見雲水泉石勝絶第一，愛不能捨，因置草堂。前有喬松十數株，修竹千餘竿，青蘿為牆垣，白石為橋道，流水周于舍下，飛泉落于檐間，綠柳白蓮，羅生池砌，大抵若是。每一獨往，動彌旬日。平生所好者，盡在其中，不惟忘歸，可以終老』。可見草堂風物之一斑，擇址極佳。同時，樸素而多野趣，尺度、材料適于心力，草堂『三間兩柱，二室四牖，廣袤豐殺，一稱心力。洞北户，來陰風，防徂暑也。敞南甍，納陽日，虞祁寒也。木斫而已，不加丹；牆圬而已，不加白。瑊階用石，冪窗用紙，竹簾紵幃，率稱是焉』〔二五〕。作為主人的白居易，儒、道、佛兼通，『俄而物誘氣隨，外適內和，一宿體寧，再宿心恬，三宿後，頹然嗒然，不知其然而然』。這種處處皆宜的適度把握，于廬山草堂為最。

·柳宗元的東亭和愚溪園：柳宗元是唐代著名的散文作家、哲學家，曾任監察御史。『永貞革新』失敗後，被貶為永州司馬，後遷柳州刺史。柳曾在柳州風景地築園，其所寫的柳州八記中的東亭，就是一例。另一例是愚溪園，柳在著名的《愚溪詩序》中曰：『余以愚觸罪，謫瀟水上。愛是溪，入二、三里，得其尤絶者，家焉。……故更之為愚溪』。但柳公于此園顯然不是為了享受，凡所修築的小丘細泉、水溝池塘、亭堂島嶼，都以『愚』稱，藉以譏時刺世，抒泄孤憤。『嘉木异石錯置，皆山水之奇者，以余故，咸以愚辱焉』〔二六〕。柳《與楊誨之書》曰：『方築愚溪東南為室，耕野田，圃堂下，以咏至理』。可見一種寓情于理的造園手法已出現。

在這裏，我們看到，唐代的文人園意境在先，主人以自然為探索對象時是自覺的；在手法上，是有秩序的尋美和對自然的反映。至于洛陽宅園，則多在東南，即在洛河南羅城內外，其中以定鼎街東園林最多最好，衹因一是洛南多為公侯將相和富豪的住宅；二是洛南伊、洛兩河夾川，水源豐富且觀景極佳，這也是有意識地尋美。

（二）城市宅園：

·白居易的洛陽履道坊園：該園在洛陽都城的東南隅，白居易在《池上篇》序後有詩附錄，可作為宅園的一個概括：『十畝之宅，五畝之園。有水一池，有竹千竿。勿謂土狹，勿謂地偏。足以容睡，足以息肩。有堂有亭，有橋有船，有書有酒，有歌有弦。有叟在中，白鬚飄然，識分知足，外無求焉。』在布局上，有承襲有開創，襲為一池三島，創則為環池開路；園小而景有隔焉，初作西平橋，又作高平橋，近則有『靈鶴怪石，紫菱白蓮，皆吾所好，盡在吾前』。白居易追求的意境，『如鳥擇木，姑務巢安。如蛙居坎，不知海寬。……時引一杯，或吟一篇。妻孥熙熙，姤犬閑閑。』便在這幽僻塵囂之外的園中獲得。

圖五　端花盆伺女圖　唐
盆中植盛開的海棠花。

•裴度的午橋莊：《舊唐書・裴度傳》載，裴度于『東都立第于集賢里，築山穿池，竹木叢萃，有風亭水榭，梯橋架閣，島嶼迴環，極都城之勝概。又于午橋創別墅，花木萬株，中起涼臺暑館，名曰「綠野堂」。引甘水貫其中，釃引脉分，映帶左右』。很注意組景，『引水多隨勢，栽松不趁行』〔二七〕。

唐代的私家園林除釆用借景外，已很注意怎樣將好景引渡和表現出來，納景、組景、近觀、細玩等手法出現。如『流水周于舍下，飛泉落于檐間』（廬山草堂）〔二八〕，這是納景；『卉木臺榭，如造仙府。有虛檻對引，泉水縈迴』（平泉山居）〔二九〕，這是組景；『百仞一拳，千里一瞬，坐而得之』（太湖石記）〔三〇〕，這是近觀；公元一九七二年發掘的唐代章懷太子墓前甬道東壁上繪有一伺女雙手托一盆景（圖五），這是細玩。另外，此時大量種植樹木以求得天然野趣，也是一大特色。輞川別業有『木蘭柴』、『鹿柴』〔三一〕；廬山草堂『環池多山竹野卉』、『夾澗有古松老杉』；杜甫浣花溪草堂園中花繁葉茂，不少樹木從親友覓來；《平泉山居草木記》所記園中珍稀草木近七十種。

在主體和客體的關係上，唐代私家園林已從魏晋南北朝時期的順應自然轉向表現自然。意境之深遠，不在于園林規模、景物豐富，而在于合情合理。白居易《小宅》『庾信園殊小，陶潛屋不豐。何勞問寬窄，寬窄在心中』；柳宗元《永州韋使君新堂記》『逸其人，因其地，全其天』，均此之謂。這種有手法、有感情、情理相依的狀態和追求，用柳宗元的話概括，曰：『心凝神釋，與萬化冥合』。

第三階段：從抽象自然到象徵自然（宋——清）

對自然的探究，唐代在表現人與自然之萬化冥合的同時，也出現抽象的端倪，如杜牧《盆池》詩『鑿破蒼苔地，偷他一片天』；白居易也曾作有關盆池的詩句：『烟萃三秋色，波濤萬古痕。削成青玉片，截斷碧雲根。風氣通岩穴，苔文護洞口。三峰具體小，應是華山孫』。這和士大夫的觀念變化相關。像王維和白居易，本都是儒者，但他們在仕途失意之後，都在不同程度上接受了禪宗的影響。王維《鹿柴》『空山不見人，但聞人語響；返景入深林，復照青苔上』，展現出一種絕塵的境界，也流露出作者內心的深層孤寂感。這種莊子所說的『淡然無極而衆美從之』的境界，用抽象自然的手法表現，在宋代私家園林中求得極致。

在北宋，洛陽的私家園林可為北方之代表。從李格飛《洛陽名園記》中可知，洛陽的

圖六　趙佶繪祥龍石圖　卷（部分）　北宋
其工筆畫對湖石的玲瓏剔透表現盡致。

私家園林多因隋唐之舊加以改築而成，但概括手法突出，特色園顯著。

其一是花園。由于宋代花卉園藝的發達，出現了專以搜集、種植各種觀賞植物為主的園子。有天王花園子、李氏仁豐園、歸仁園、叢春園、松島等。其中，松島原是五代時後梁朱温的外甥袁象先的舊園，宋時歸丞相李迪所有，後又歸于吳氏，園中景觀以松為主，有的樹齡有數百年之久，因稱松島；叢春園以喬木為勝，特色是『喬木森然，桐、梓、檜、柏，皆就行列』〔三二〕；歸仁園舊為唐代宰相牛僧孺的故園，園中有七里檜，該園在宋時屬于中書李清臣所有，占地整一坊，是當時洛陽私家園林中最大一處，園中北部植牡丹、芍藥千株，中部有竹百畝，東南部種植桃和李樹。

其二是以水為主景。有董氏東園、宰相文彥博的東園、紫金臺張氏園、環溪、湖園等。環溪為北宋王拱辰的宅園，『潔華亭者，南臨池，池左右翼而北過凉榭，復匯為大池，周圍如環，故云然也』。湖園原為唐朝宰相裴度的宅園，該園宏大而深邃，人力雖工而景物蒼古，多水泉而景益勝，《洛陽名園記》中云：『洛人云，園之勝不能相兼者六：務宏大者，少幽邃；人力勝者，少蒼古；多水泉者，艱眺望。兼此六者，惟湖園而已』。可見該園是李格飛最為推崇的一所。

其三有用建築得景的意圖。如將流觴活動濃縮為流杯亭建于私園，抽象化了。董氏東園有流杯亭，楊侍郎園因為『流杯』而『特可稱者』。又如《洛陽名園記》環溪園，有一多景樓『以南望，則嵩山、少室、龍門、大谷，層峰翠巘，畢效奇于前』。還有潔華亭、凉榭、錦廳和秀野臺等適地而置，對建立景與建築之間的關係的自覺達到一個新的層次。

然而，李格飛記洛陽名園，獨未言石。宋相富弼的富鄭公園是宋代所創，有縱橫四洞，但園中凡謂之洞者，皆斬竹丈許，引流穿之，而徑其上，是在土丘上鑿洞而成。但是，北宋汴京蔡太師園、王太宰園，都有用石壘山的記載，其中，王太宰名黼，家宅在閶闔門外，後苑中『聚花石為山，中為列肆巷陌』。其在西城竹竿巷的一所賜第，『窮極華侈，壘奇石為山，高十餘丈，便坐二十餘處，種種不同，……。第之西，號西村，以巧石作山徑，詰屈往返，數百步間以竹籬茅舍為村落之狀』〔三三〕。分析之，洛陽名園少用石疊山的情形，一和『多因隋唐之舊』有關；二和北方條件限定相涉。而汴京因是都城之故，又是南北水運中心，得江南之石遂成方便，朱長文《吳郡圖經續記》記載南園之石被購『以貢京師』便是佐證。實際上，宋代對山石的認識已相當成熟（圖六），經南宋發展已成具體『理』、『法』，這可以從畫論和江南的私家園林中尋得踪迹。

北宋郭熙的山水畫主張，經其子郭思整理成《林泉高致集》，提出意態萬變之表現乃

圖七　米芾(雲章)雲山圖　北宋

『韵』，實際上已將山水抽象化了，論有『山大物也，水活物也』、『山以水為血脉』、『石為天地之骨』等，并收輯高遠、深遠、平遠三個不同視點之構圖理論；北宋的文人畫家李公麟，不但在道釋畫中賦予了文人情調，而且把白畫發展為更具表現力的『白描』，影響所及，歷南宋而及元明；北宋蘇軾主張繪畫要『神似』；米氏山水創造者為北宋米芾、南宋米友仁父子，米芾以落茄（墨點）表現江南烟雨景色的山水，自謂『意似便已』（圖七），米友仁用水墨横點寫烟嵐雲樹，自稱『墨戲』，具有『罕識畫禪意』〔三四〕的特徵。這些均是在山水畫上探索山水之理和追求抽象之法的表現。南宋則以更抽象的表現方法追求思緒、情趣的簡約表達，如馬遠喜好畫一角山岩，被稱之為『馬一角』；夏圭的畫面上因出現大片空白，被譽為『夏半邊』，這種『剩山殘水』畫詩意隽永，而求自然之理至極致可見一斑。

北宋江南的私家園林，著名的滄浪亭、樂圃（今環秀山莊）皆有疊石，但從蘇舜欽《滄浪亭記》和朱長文《樂圃記》中可知，園中山主要還是積土為山，景趣質野。

南宋江南的私家園林，吳興（即湖州）是一薈萃之地。周密在其所著《吳興園林記》中曰：『吳興山水清遠，升平日，士大夫多居之，其後秀安僖王府第在焉，尤為盛觀。城中二溪横貫，此天下之所無，故好事者多園池之勝』。又有曰：『前世疊石為山，未見顯著者。至宣和，艮岳始興大役，連艫輦至，不遺餘力，其大峰特秀者，不特封侯，或賜金帶，且各圖為譜。然工人特出于吳興，謂之山匠，或亦朱勔之遺風。蓋吳興北連洞庭，多產花石，而卉山所出類亦奇秀，故四方之為山者，皆于此中取之』〔三五〕。

由于物產便利之故，南宋時江南私家園林賞石之風盛行。吳興沈德和（南宋尚書）園，『有聚芝堂、藏書室。堂前鑿大池，幾十畝，中有小山，謂之蓬萊。池南豎太湖三大石，各高數丈，秀潤奇峭，有名于時』〔三六〕。這是立石可觀；吳興俞氏（刑部侍郎俞子清）園，假山奇勝甲于天下，《癸辛雜識》云：『浙右假山最大者，莫如衛清淑吳中之園，一山連亘二十畝，位置四十餘亭，其大可知也。然余生平所見秀拔有趣者，皆莫如俞子清侍郎家為奇絕。蓋子清胸中自有丘壑，又善畫，故能出心匠之巧。峰之大小凡百餘，高者至二、三丈，皆不事餖飣，而犀珠玉樹，森列旁舞，儼如群玉之圃，奇奇怪怪，不可名狀』。此為壘石成趣；而吳興葉氏石林，不僅是葉少藴于宣和五年卜別館于弁山之石林谷而得名，而且園中建築多因山加工而成，有的佳石錯立道周，有的于奇石處經營此堂，已是與石為友。

除吳興外，江南臨安、嘉興、吳江、鎮江等地的私家園林，也兼具因地制宜、利用自

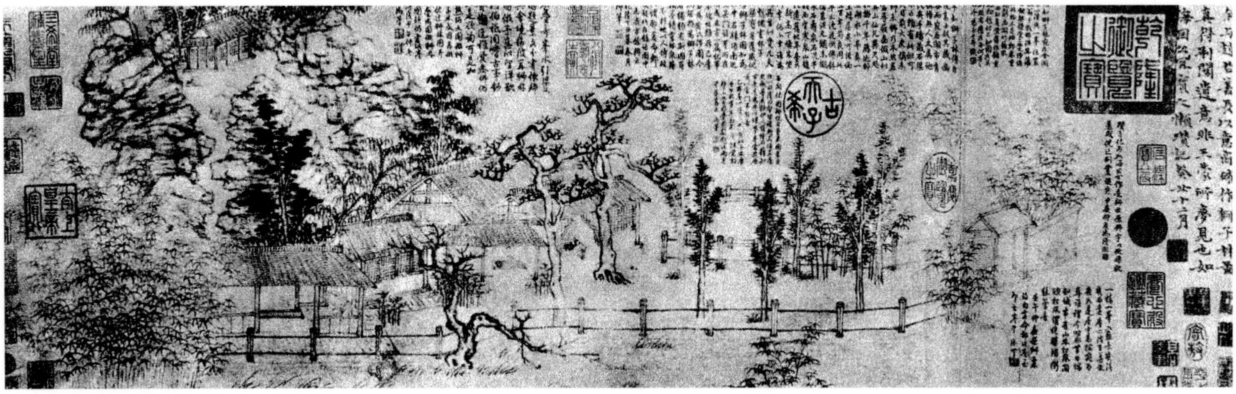

圖八　倪雲林繪獅子林圖　明洪武

然山（石）水的特點。臨安『華津洞：趙冀王府園。水石甚奇勝，有仙人臺基』〔三七〕；吳江范成大宅園『蓋因闔閭所築越來溪故城之基，隨地勢高下而為亭榭，……別築農圃堂，對楞伽山，臨石湖，蓋太湖之一派』〔三八〕；南宋岳珂研山園則以研山石為名，寓意于物，適意為悅。該園位于鎮江甘露寺附近，原為米芾的故園，據載米芾有一塊研山石，直徑尺餘，前後合計有五十五個手指大小的峰巒，有二寸許見方的平淺處，鑿成研臺，該石原是南唐後主御府的寶物，米芾以研山換取宅基。百年後岳珂取其遺址，『塹槿為園。……境無凡勝，以會心為悅，人無今古，以遺迹為奇。』〔三九〕已到了追求不著一字、盡得風流的境界。

可以說，宋代對自然的表達是向純粹的方面發展，是尋理的過程。在這過程中，主、客體的相融已深入到人的心境內部，直接借助或山、或水、或植物、或具體活動的主題內容，來表達對自然的理解。然而，這種抽象的趨勢和對自然的窮究，在隨後的元代遭到了抑制。

元代是第一次少數民族統治全中國的時期，政治上的動蕩起伏帶來文化的繁雜。在北方隨元代而起的各族遺臣尊崇宗教，文化趣味大變。就宋代對私家園林影響較大的繪畫而言，至元代却是不設畫院，衹在將作院下設畫局、工部下設諸色人匠總管府及梵相提舉司，集納畫工圖繪帝后肖像及寺觀壁畫。士大夫文化則與民間文化結合，作為隱漚潛流，更加注重意趣和法度。如李衎（公元一二四四至一三二〇年）著有《息齋竹譜》七卷，對竹的結構、品類、生長規律及畫法詳加剖析；元『四家』（黃公望、吳鎮、倪瓚和王蒙）的山水畫重于筆墨及追求山水依據。而對私家園林影響較大的文學，此時的元曲也較之唐宋詩詞更接近市民文藝。在江南，士大夫又由于元朝統治者籠絡江南的政策，使得江南鄉紳生活安定而奢華，且豐富多彩，如談到松江丘機山其人，宋末元初即說相聲『以滑稽聞于時，商謎無出其右』〔四〇〕。這種士大夫文化品味上的轉變，必然在私家園林中得以表現。

元大都地區的私家園林，多在豐臺一帶，除有些園較大外，許多園小，名為亭。以園亭觀之，衹是以建築為主的園子，園亭內蒔花弄草。草橋河接連豐臺，為京師養花之所，草橋中『元人廉左丞之萬柳園、趙參謀之匏瓜亭、栗院史之玩芳亭、張九思之遂初堂皆在于此』〔四一〕。這是元代私家園林突出特點之一，園中建築增多亦以此為轉折。

其二以獅子林為例（圖八）。元歐陽玄《獅子林普提正宗寺云記》：『姑蘇城中有林曰獅子，……林有竹萬個，竹下多怪石，有狀如狻猊者，故名獅子林』。又元代危素《獅

圖九　櫻桃夢插圖　明萬曆

這幅圖很能說明其時私家園林在文人心目中的意象。畫中屏上之畫便是一個理想境界，屏放在宅園中，將現實和理想聯係起來。櫻桃夢插圖二十幅，多寫夢中幻境、世間真情。此選『清淡』一幅。

子林記》：『獅子林者天如禪師之隱所也，獅既得法于天目山中峰本禪師，……林中坡陀而高，山峰離立，峰之奇怪而居中最高，狀類獅子，……其餘亂石壘塊，或起或伏，狀如狻猊然，故名之曰獅子林。且謂天目有岩號獅子，是以識其本云』。可見，欣賞趣味和喜好與宋代的大相徑庭。元代獅子林，一方面說明以石構山在宋之後仍然為江南所發揚，另一方面也顯現出宋代之高雅和抽象的追求在元代有了轉向。

這種轉向至明中葉及以後，乃成為對世俗之真實和浪漫的追崇。山水畫，如戴進的畫措景豐富較元畫多生活實感；文學，如《警世通言》和《拍案驚奇》，標志著一種市民文學的繁榮，而像《西游記》和《牡丹亭》，都是浪漫的文學典範。明清的私家園林，一方面是住宅的延續、生活的場所，另一方面又是精神寄托、理想追求之地。這種雙重性就使得明清私家園林具有豐富的內涵，同時更加注重創造自然、抒心中塊壘，用象徵的手法將理想的彼岸性和現實的此岸性連接起來（圖九）。總的來說，就是通過一種『慢飲』的藝術象徵手法來追求意境。其具體表現在四個方面。

（一）注重整體：童寯曰：『園之妙處，在虛實互映，大小對比，高下對稱』〔四二〕，洞悉了私家園林注重整體的關係。

第一例如金陵太傅園（後改名為東園）〔四三〕，從《游金陵諸園記》中可知：初入門，雜植榆、柳，餘皆麥壠，蕪而不治。逾二百步，復入一門，轉而右，有華堂三楹，頗軒敞。這是閉和敞的對比。（華）堂後枕小池，與小蓬萊相對，而從左方朱板垣洞而進，有堂五楹，名一鑒堂，堂前枕大池。這是小和大的對比。又曰，鑒堂隔水與亭相對，亭背後池岸上皆平疇老樹，但左邊水傍有一石砌高樓。這是低和高的對比。對此徐天賜稱『盛為之料理，其壯麗遂為諸園甲』。

第二例為拙政園，明正德年間御史王獻臣建于蘇州。王獻臣因仕途不得志，遂自比西晉潘岳，并藉潘岳《閑居賦》中所說『此亦拙者為之政也』以為名。從文徵明《王氏拙政園記》中可知，園中有夢隱樓與若墅堂（遠香堂）南北相對，夢隱樓之高，可望城郭以外諸山，若墅堂前後栽種植物，形成高下對比。在夢隱樓和若墅堂之間，有小飛虹，橫絕滄浪池中（圖一〇）。又如滄浪池之東岸，積石為臺，高丈許，曰意遠臺。臺下植石為磯，可坐而漁，曰釣碧。整個拙政園十分重視明與暗、高與低、幽與敞的轉換關係。此外，拙政園以植物為主、以水石取勝形成天然野趣，建築亦多以此或因此得趣而命名。如于待霜亭東，出夢隱樓之後，長松數植，風至泠然有聲，曰聽松風處；自此繞出夢隱樓之前，古

圖一〇　文徵明繪拙政園園景小飛虹　明

木疏篁，可以憩息，曰怡顏處。又前，循水而東，果林彌望，曰來禽囿；囿盡，縛四檜為幄，曰得真亭。亭之後，其地高阜，自燕移好李植其上，曰珍李坂；其前為玫瑰柴，又前為薔薇徑。至是水折而南，夾岸植桃，曰桃花沜；沜之南，修竹連亘，曰湘筠塢。又南，有古槐一株，敷蔭數弓，曰槐幄；其下跨水為獨木橋，過橋而東，篁竹陰翳，榆槐蔽虧，臨水築亭，名槐雨亭。亭之後為爾耳軒；左為芭蕉檻。凡諸亭檻臺榭，皆面水而建……。如此，『庶浮雲之志，築室種樹，逍遥自得；……拙者為之政也』〔四四〕。

(二) 漸入佳境：早在魏晋時期，大畫家顧愷之便從咀嚼甘蔗的過程中，悟出自末至本、由淡漸甘、漸入佳境的運動真諦。『運動』的觀念，如同『整體』的影子，始終伴隨著中國私家園林，在明清時期尤甚。

在私家園林中，這種有關運動的觀念，就是强調人在游園行進時，要能夠『山重水復疑無路，柳暗花明又一村』、『横看成嶺側成峰，遠近高低各不同』，從而產生了所謂近景欲屏障、中景可對望、遠景巧因藉的手法，于有限空間内獲得無限感受。蘇州拙政園納北寺塔于園内、木瀆羨園玩靈岩于咫尺、無錫寄暢園映龍光寺塔于漾波、常熟燕園見虞山極目亭于檐際，皆為借景之佳例。這裏尤其强調借景，不僅在于『夫借景，林園之最要者也』和『構園無格，借景在因』〔四五〕，而且由于通常所借之景往往因空間上的距離和大氣的作用，就帶有氤氲朦朧的氣氛，給人以升騰浮游的感覺，引導人在運動中逐漸到達理想的境界，是一種耐人尋味的『飲』之藝術感受。

(三) 運用象徵：由于明清時期的私家園林，更加注重創造完整的自然和精神世界，强調介于現實和理想、局部和整體的一種轉換過程，所以往往采用象徵的手法來表達，即在寫意和模仿之間存在一種張力，誠如晚清文震亨《長物志》所言『一峰則太華千尋，一勺則江湖萬里』，由小及大，由表及裏。

第一例為揚州个園。該園于嘉慶二十三年（公元一八一八年）由兩淮鹽總、大鹽商黃應泰所建。園中植竹數千竿，取竹字之半名園為个園。園中以四季假山最有特色，其主要是用石配以植物來寫意春山淡怡而如笑，夏山蒼翠而如滴，秋山明淨而如妝，冬山慘淡而如睡，但非抽象寫意而是予以象徵。如為表現『春』，遍植翠竹，竹間插植石峰，點出雨後春笋之意；為表現『夏』，用高約六米的太湖石堆成假山，上有松如蓋，下臨清潭，形成清秀之勢，淺灰色山石，有參差進退，如夏日行雲；『秋』則以黃石丹楓寫一派金秋色

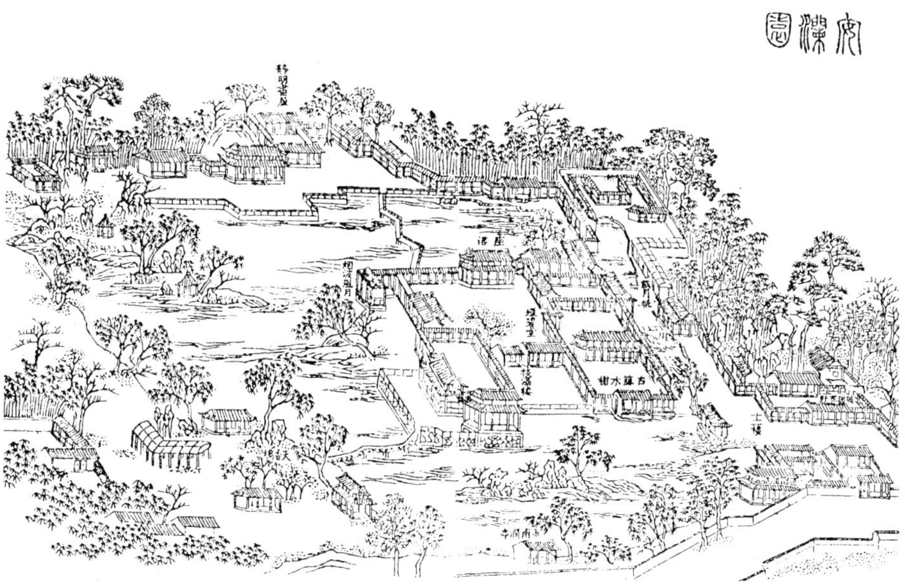

圖一一　海寧安瀾園圖　清

安瀾園『鏡水淪漣，樓臺掩映，奇峰怪石，秀削玲瓏，古木修篁，蒼翠蓊鬱』，是一幅由山、水、植物、建築多元要素構成的江南私家園林。

彩；而為表現『冬』，不僅選用宣石堆成雪狀，而且為了强化人的聯想，不吝在後倚的牆上開四排尺許大的圓洞以造成凜冽的風聲。

第二例為太倉弇山園，俗稱王家山，王世貞所築。王世貞為明代著名的文學家，晚年偏好釋道，自號弇州山人，據《山海經》所記，弇州山是神仙棲息之地，故其所築之園也題為弇州園，亦名弇山園〔四六〕。弇山園有三山，中弇堆石奇巧，出自張南陽之手；吳生經營東弇，堆石極少，而境界多自然之趣。對此王世貞戲謂二弇之優劣，即二生之優劣，然各以其勝角，莫能辨也。但園中人巧天趣，一時并臻，加上西弇，均用象徵手法以形比類，求得可以觸摸的仙境。如西弇，南北皆嶺，南則卑小，北則雄大。北嶺之東有一峰突兀雲表，名曰簪雲，其首類獅，微俯，又曰伏獅。右一峰稍小如侍者，名曰侍兒；右另一峰更壯，峰端有孔中穿，名射的。南峰諸峰皆向前，衹此一峰向後。路折而北為一灘，群石怒起，最為雄怪，為獅、為虬、為眠牛、為躑躅羊者，不可勝數，總而名之曰突星瀨……。中弇與西弇相去頗遠，兩山之間夾水，有率然洞、小雲門、扣石如磬的磬玉、紅繚峰、佳石青玉笋等，其間置有釋道之建築，如壺公樓、藏經閣、梵音閣等……。中弇有兩路，陽道則池與澗之勝各半之，陰徑擅澗，徑不為疊磴；中間還有幾處斷路，度者或提衣跳躍，或怯步而返，故名振衣渡、却女津。

又如蘇州徐氏東園（明嘉靖年間建，清嘉慶間改建稱寒碧莊，光緒後擴大範圍改名留園），搜羅奇石，明袁宏道稱：『徐冏卿（即徐泰）園，在閶門外下塘，宏麗軒舉，前樓後廳，皆可醉客，石屏為周生時臣所堆，高三丈，闊可二十丈，玲瓏峭削，如一幅山水橫披畫，了無斷續痕迹，真妙手也』〔四七〕。

可以見得，這些園林均采用象徵手法，在像與不像之間、寫意與模仿之間，創造自然之趣和精神境界。

（四）要素多元：多要素運用是中國封建晚期私家園林的特色之一。即由山（石）、水、建築、植物等多元的物質要素，通過布局，共同形成一個理想世界，并且常用聯匾文字點題。此時，建築的導向性很強，密集亦高于宋園林。如以『景物最勝』、園林建築最多的宋『富鄭公園』為例，也祇有三堂八亭、一軒三臺；而宋『苗帥園』，建築服從自然，因原有七葉樹兩株，高百尺，『春夏望之如山然，今創堂其北。竹萬餘竿，……今創亭其南。東有水，自伊水派來，……今創亭壓其溪。……』〔四八〕。但晚期私家園林，則樓、堂、館、亭相間，廊廊相復，這就如同晚期的造山，更多的是亦山亦水、亦峰亦石、

圖一二　王蒙繪泉聲松韵圖　元
此畫千岩萬壑，蒼楚繁密，且畫、詩、印俱全。

亦樹亦林，《南巡盛典》所載海寧安瀾園即為一例（圖一一）。園林中的要素多元，也和一代的藝術品味一脉相通，就像元以後的畫，書、畫、印合為一氣了（圖一二）。此時，并非印章水平提高了、畫退化了，而是單獨的畫、單獨的詩、單獨的字，已抒不盡難言之隱、無言之情。

簡言之，中國封建社會晚期的私家園林，無論是注重整體、漸入佳境，還是運用象徵、要素多元，關鍵為構成豐富的空間。在手法上，經歷代的積纍，已臻完善，尤其在用象徵手法表意上，是成熟的。所謂『造園』為最貼切的概括。此詞源出最早也是在這個階段。元末明初陶宗儀《曹氏園池行》詩中講浙江經營最古的曹氏園時用到，爾後，明代周暉《金陵瑣事》、明末計成《園冶》鄭元勛題詞、清代李漁《閑情偶寄》、李斗《揚州畫舫錄》、錢泳《履園叢話》均用造園一詞〔四九〕。雖然二十世紀初葉日本造園學權威本多靜六和原熙兩氏從《園冶》題詞中引用又與西文landscape architecture 等同後，帶來許多定義上的爭議，但有一點很明確，即園由『造』來，是和建築密切相關的、獨立的、小我的自然世界之創造。此時的園林，紛陳而含蓄，它少有明顯的漢代的鋪陳享受、魏晉的灑脫飄逸、唐代的情景無間、宋代的高雅精緻，衹有紛陳意向的表達。『境由心造』，是主體高度發揮的階段。

在主客體的關係上，主體是主動的，又是多層次的。就主體個人而言，一方面追求浪漫理想，另一方面，有時也十分世俗化，如喜種櫸樹，意求『中舉』，好種桂樹，可望『月月貴』。往往一個私家園林中，既能品味出文人士大夫的心境，『晚年秋將至，長月送風來』，又能體察到無處不在的世俗情調。從士大夫階層而言，宋以後的士多出于商人家庭，以致士與商的界綫已不能清楚地劃分。王陽明《陽明全書》最為新穎之處，是肯定士、農、工、商在『道』的面前完全處于平等的地位，更不復有高下之分。『其盡心焉，一也』一語，即以他特殊的良知『心學』，普遍地推廣到士、農、工、商四『業』上面，這是『滿街都是聖人』之說的理論根據。這和早期士大夫的概念和自孔子始以『道』自任的社會屬性及外延，有天壤之別。『賈道』已是社會的一種自覺，是『道』的一部分。于此時，我們再讀中國封建社會晚期建造或改造的私家園林，難怪眼花繚亂、色彩紛紜了。

二　明清私家園林的地方特色

明清時期，私家園林建造普及，其興盛和繁復達巔峰狀態。一方面，作為建造的主人，或做官後的賦閑，或為文人的清逸，或行商後的講究，或為農人的守拙，個性化得到發揮，沒有制度規定，沒有皇帝意旨，私家園林作為精神依托的場所，各有所寄。另一方面，經歷史的發展，造園經驗已極大豐富，手法也多樣化，因地制宜，就地取材，又因人而用。這種因于內而符于外的風貌，就使得明清私家園林地方特色精彩紛呈。

（一）以北京為代表的達官私園

明清兩代，北京為都，私園多屬皇親國戚、達官貴人。比較大的私園都與王府相稱，主人不僅有富裕的經濟條件，更有政治地位，還多和當朝息息相關，建築有主要軸線或多個軸綫，甚氣派。一般私園也修治得很講究。如海淀的李園、米園，素有『李園壯麗，米園曲折。米園不俗，李園不酸』之譽〔五〇〕。此『不俗』和『不酸』，也可謂北京私家園林的特點。敞闊有序，却又風情萬種。《帝京景物略》記有明北京私園二十餘處，《寰垣識略》則記載清時北京有案可稽的私園五十餘處。前者『事有不典不經，侗不敢筆；辭有不達，奕正未嘗輒許也』〔五一〕，劉侗和于奕正兩位著者發篋細括、反復推敲，而後描寫詳盡；後者則對諸私園所處的位置予以確定。綜合之，從中可知明清北京私園之大概，結合調查，例其下。

・恭王府萃錦園

恭王府是咸豐年間歸奕訢所有時的名稱。位于現北京西城區前海西街。清乾隆時，此處是大學士和珅住宅。嘉慶四年（公元一七九九年）賜給慶僖親王永璘，為慶王府。咸豐二年（公元一八五二年）改賜給恭親王奕訢，稱恭王府，花園名萃錦園。

和珅為乾隆所寵信，官至軍機大臣，總理樞政，營造府第大約在乾隆十九年至二十三年（公元一七五四至一七五八年）。此處曾傳説為康熙時大學士明珠的舊府，但缺文獻可證。京城全圖正本（乾隆十四五年間繪製）該處皆卑陋狹小，不類達官府第。嘉慶四年（公元一七九九年），乾隆卒，有上疏彈劾和珅，列二十條，其中第十三條乃涉及私園，

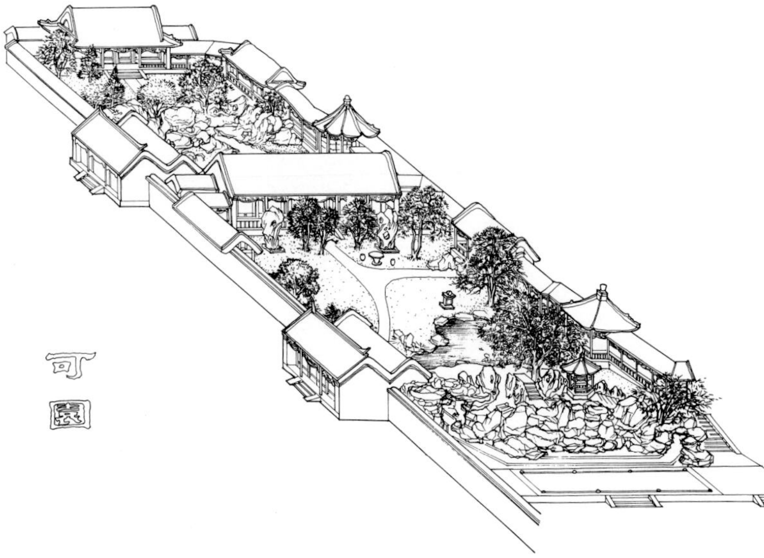

圖一三　北京可園鳥瞰圖

『所鈔家産，楠木房屋僭侈逾制，仿照寧壽宮制度，園寓點綴與圓明園蓬島瑤臺無异，大罪十三』〔五二〕，可見其造園築宅之初的華麗和用心周密。

到恭親王奕訢獲居此府後，園有所修建。邸園總平面近方形，東西長約一七〇米，南北寬約一五〇米，約合面積四〇畝。位于府邸之北，中横夾道。

入口在園南，正門是一西洋花拱券門，東西兩側為『垂青樾』、『翠雲嶺』二假山。全園為中、東、西三路。中軸綫與府邸主軸綫接應，中心部分是宴客會友用的廳堂；東路有一組建築院落，其北為觀劇用的戲臺；西路以湖池為中心，湖池中築湖心敞廳，其臺名觀魚臺，南端是城關式建築—榆關。

全園兼具王府形制和北方園林特色，富麗堂皇又極盡工巧，軸綫分明又虚實相間。從整體布局上看，東、西兩路，一為建築，一為水體，一實一虚，輔佐中軸；而東、西兩路于南端，一為土山，平淡而温軟，一為榆關，曲折而堅硬，各自在軸綫上又形成建築和自然山體、水體和人工關隘的對比，對稱而平衡。中軸綫上也是亦工亦曲，似斷還連，入門後為『獨樂峰』山石，峰後為『蝠池』，池北有安善堂端坐，并有連廊聯接東、西配房。再北行，為假山，山下有雲洞，山上有邀月臺和邀月廳，最後建築為蝠廳，成對稱形式。整園景點豐富，依院落層層展開，却端莊有序，敞蔽自如，高下呼應，具雍容氣派。

『京華何處大觀園』？近世有大觀園以恭王府為藍本的説法，但絶少可能。曹雪芹隨家北遷，貧困潦倒，至乾隆二十八年（公元一七六三年）死，《石頭記》僅完成八十回。但奕訢愛讀《紅樓夢》，園中部分仿大觀園意境而修建，也有可能。此瓜葛之故，六十年代有人提出府邸部分可作為曹雪芹紀念館，也事出有因了。

·可園

可園位于帽兒胡同九號，是一座清咸豐年間所建的私人宅園，園主名榮源，官居清廷『監司』，後又掌管江南北兵糈數年。園内石碑為其侄志和所立，時為咸豐十一年（公元一八六一年）。碑文可見榮源造園意圖：『鳧渚鶴洲以小為貴，雲巢花塢惟斯為幽。若杜佑之樊川別墅，宏景之華陽山居，非所敢望。但可供游釣、備栖遲，足矣，命名曰可，亦竊比衛大夫「苟合苟完」之意云爾』。故名可園。

可園位于宅邸之東，南北長約八〇米，東西寬約二六米，面積約四畝。依長向園分前後二園，以大花廳分隔，又以牆和游廊連為一體（圖一三）。前園疏朗，松柏蒼翠，水池居中，池南假山獨具特色。後園幽曲，面積亦小，形成主次分明、各具性情的景區。

可園布局有中軸綫，從南而北為假山、水池、廳堂、左、右假山挾路，最後以閣環廊結束，基本上還是建築環抱合院形成景區的格局。但園路并不循軸而通，且建築與景致有前後、左右、高下變化，有序而豐富。如南端假山，其前後用不同石材形成迴异氣氛。面南為青石壘成，以横向挑伸為主，且南面視距甚迫促，以壓縮、近距形成狹谷，東西各有單環洞引導入園。自洞而出，山之北面用房山石，豎紋為主，小平臺下『懸』出垂挂的情勢，且假山上植以落葉大喬木，濃蔭蔽日，隔水自大花廳相望，屏障有如山林。而路則成左、右引導，府邸于西，自西而東入前園，至大花廳；出大花廳，再自東而西穿假山進後園，入閣樓。另有大小高下之分，園之西邊建築體量大而數量少，東邊建築則體量小而數量多，西邊的較平直，東邊的則高低錯落。

這種整體上的平衡和有序，均勻和對稱，可謂北方私園的最重要特點。

私園中命名『可園』的有多處，嶺南（東莞）有，東南（蘇州）也有，大凡出『可意』、『適可』之義。但榮源『可園』，是一幅幽靜舒適、伸展自如、和諧如對的畫面。有時處理成府邸景致，如小至大花廳前『特置』也成對稱布局，有時又峰迴路轉，如後園假山及道路的設置，于整體格局下求得變化。

・半畝園

半畝園建自清初。據《鴻雪因緣圖記》記載，它位于『紫禁城外東北隅，弓弦胡同內，延禧觀對過。園本賈謬侯中丞（名漢復，漢軍人）宅，李笠翁（名漁，浙江，布衣）客賈幕時，為葺斯園，壘石成山，引水作沼，平臺曲室，奥如曠如』。

李鴻斌先生考證，李漁康熙十二年（公元一六七三年）游京僅留九個月，其間不可能置園亭，故認為李漁與半畝園無涉；而據陳爾鶴和趙景逵先生考證，李漁康熙十二年（公元一六七三年）赴京後，可能逗留到康熙十四年（公元一六七五年）南歸，推知半畝園經李漁之手成于此期間或再稍後。

半畝園後來『易主後，漸就荒落，乾隆初，楊靜莽員外（山西，生員）重為修整。顧子若孫專務持籌，遂改為囤積所。旋歸春馥園觀察（名慶，滿洲人），又改歌舞場，均園林之一變也。道光辛丑，始歸于余。（麟慶）命大兒崇實，請良工修復，繪圖燙樣，郵寄江南。』（五三）『修復工作竣于癸卯四月』（道光二十三年，公元一八四三年）。

麟慶字見亭，滿族人，是金代皇帝完顏氏的後裔，屬鑲黄旗。他的七世祖以軍功『從龍入關』，他由進士授內閣中書，升兵部主事，纍官至兩江總督、管兩淮鹽政，所以是個

圖一四　弓弦胡同半畝營園

仕運亨通的人物。

成于李漁和修復于麟慶的半畝園，兼有江南明媚清淡之美，此和主人不無關聯。康熙十二年李漁所著的《閑情偶寄》已脱稿三年，是一位很有經驗的造園名家了；而麟慶常年于江南，又性好探歷史舊事，文字清新。所以可以看到：『半畝園純以結構曲折、鋪陳古雅見長，富麗而有書卷氣，故不易得』〔五四〕。

園雖小，却分成兩部分。東部和宅相連處由廊圍合，開兩門。入園後為一庭院，北端為雲蔭堂，東西有兩廂包合成院，雲蔭堂前有對稱的松木、『日晷』和『石笋』小品及盆栽，南端為荷池，頗成民居格局，且顯得雍容華貴，此在『半畝營園』圖中有充分反映（圖一四）。西部仍是一條長方形的平地，以海棠吟社小院西牆和石坊為東界。該部由橫向的青石假山分割成南北兩區，南區築一小溪與湖石假山相接，成水之源，溪上架橋，溪邊置軒（玲瓏池館），溪後建亭，亭邊植果木、架葡萄，形成一片田園風光。北區是假山後的三座小院落，西面『嫏嬛妙境』為藏書、讀書處；中間是『拜石軒』專置奇石；東面便是『近光閣』。

園之東西兩部分過渡為獨到之處。南端以橫向的『退思齋』為端頭，後倚假山，山之東側連接荷池，山之西側依傍溪流，山南果、樹、荷、藤這些植物構成自然景致。坐廳堂，可見方池及假山坡脚，此為神來之筆，由坡脚可思山壑，産生聯想，這正如李漁所説：『然能變城市為山林，招飛來峰使居平地，自是神仙妙術，假手于人以示奇者也，不得以小技目之』，猶如『唐宋八大家之文，全以氣魄勝人，不必句櫛字篦，一望而知為名作』〔五五〕。此『坡脚』是也。另外，北端以高起的『近光閣』連接和過渡，雲蔭堂西廂（前『曝畫廊』後『海棠吟社』）上為平臺，『近光閣在平臺上，為半畝園最高處，以其可望紫禁城大内門樓、瓊島白塔、景山……等五亭』，這種設平臺開上層景區的做法，應是園址小而使然。

另外，半畝園的疊石理水、室内陳設及植物配置均合情合景，這在《鴻雪因緣圖記》的『半畝營園』、『拜石拜石』、『嫏嬛藏書』、『近光伫月』、『園居成趣』、『退思夜讀』、『煥文寫像』圖中均可看出。

可惜半畝園後逐漸頽廢，八〇年代花園基址已聳立大樓，一代名園遂失。

·勺園

勺園比上述三園建造年代都早，『才辭帝里入風烟，處處亭臺鏡裏天；夢到江南深樹底，吳兒歌板放秋船』〔五六〕，贊的就是明代的勺園。

勺園在北京西郊一帶。當時由于此處河渠縱橫，湖水廣闊，一些官家富户不惜花費巨資，購一片田園，建一户別墅和私園，遂形成不少景點。明代李氏清華園的東牆外，有一條幽徑通至一座私園，這就是勺園，又稱『風烟里』。

勺園建于明萬曆三十九年至四十一年（公元一六一一至一六一三年），明水曹郎米萬鍾（字仲詔，號友石）別業。米萬鍾原籍陝西，隨父進京。萬曆二十三年（公元一五九五年）進士，當過三個縣的縣令，最高授過太僕少卿。他不僅詩文馳譽文壇，而且石刻、琴瑟、篆隸、棋藝，無不喜好。由于他有很深的藝術造詣，『馳騁翰墨，風雅絶倫』，時稱南董（董其昌）北米，影響很大。京都的達官顯貴都稱譽米家有『四奇』，即園、燈、石、童，而勺園則為其園之一絶。他精心設計和治理，當時都中人士無不稱頌米家園林。

『米太僕勺園，百畝耳，望之等深，步焉則等遠。入路，柳數行，亂石數垛。路而南，陂焉。陂上，橋高于屋，橋上，望園一方，皆水也。水皆蓮，蓮皆以白。堂樓亭榭，數可八九，進可得四，覆者皆柳也。肅者皆松，列者皆槐，筍者皆石及竹。水之，使不得徑也。棧而閣道之，使不得舟也。堂室無通户，左右無兼徑，階必以渠，取道必渠之外廓。……客從橋上指，了了也。下橋而北，園始門焉。入門，客懵然矣。意所暢，窮目。目所暢，窮趾。……』〔五七〕其特殊布局及脱俗意境躍然而生。

從明萬曆四十五年（公元一六一七年）米萬鍾繪《勺園修禊圖》中看（圖一五）：門從北入，樹叢中有一荆扉即風烟里門，門內南面闢有一座水池；池上柳桃夾道的長堤上架拱橋（名『纓雲』），橋很高下可行船（『海桴』），下橋後，迎面有屏牆一堵，鑲嵌著『雀濱』二字之石；從此折而北行，有『文水波』大水池，過水池有書齋『定舫』；出定舫往西有高坡，取名『松風水月』，登坡松下隔水可眺『逶迤梁』曲橋，曲橋北面，築有高堂，乃著名的『勺海堂』，堂前庭院，怪石、括子松置立，四周水池則布滿白蓮；堂右架有曲廊，有屋如舫，名『太乙葉』；堂的東面，生長著茂盛的翠竹，竹林旁立有『林淤澨』石碑，竹林里有『翠葆樓』；樓的西北，另有高閣『色空天』，內供一尊大士像；至『勺園』盡水，間長堤大橋，有幽祠曲榭。

勺園最大的特色是『三分水，二分竹，一分屋』的格局。于水，王思任寫詩贊道：『勺園一勺五湖波，濕盡山雲滴露多。家在濠中人在濮，舟藏壑里路藏河。鷺鷀晚食分殘獺，菱芡新妝妬舊荷。已見寓公諸品真，祇饒春雨寄滄簑。』其敞曠氣象與真趣和他處不同；于竹，園里是『幽築藕花間，荆扉日日閑。竹多宜作徑，松老恰成關。堤繞青嵐護，

透迤梁、勺海棠　　文水波、定舫　　纓雲橋、雀濱、海桴　　風烟里門内

圖一五　米萬鍾繪勺園修禊圖　明萬曆

廊回碧水環。高樓明月夜，筦而對西山。』〔五八〕；于屋，或臨于水或隱于山林，名稱引入仙、佛之境，如『太乙葉』、『色空天』等。因水面大，可行大木船（『海桴』），往往路窮乘舟，舟停有廊，廊過達堂，堂接曲榭，榭周成蔭。

勺園至清代，為洪雅園，至吳長元寫《宸垣識略》時，為鄭親王邸第。清人查嗣瑮雜咏詩：『東雉西勾地較寬，米園絶有好林巒。衹因身住風烟里，畫個朝參一笑看』〔五九〕。可見還具無限風情。惜後來蕩然無存。今天北京大學西南圖書館和留學生大樓一帶，便是昔日勺園的園址。余幾次去追尋，根本無法辨認，衹有依詩畫想像架構了。

（二）以江南為代表的文人私園

江南一般指長江以南江蘇省的南京、蘇州、無錫、常熟等地，以及浙江的杭州、嘉興、湖州等地。清人顧祖禹《讀史方輿紀要》，大致作此劃分。這個地區從唐宋以來，就是中國經濟文化最發達的地區之一。其人文、經濟、税收等都為全國首屈一指。難怪顧祖禹曰：『以東南之形勢而能與天下相權衡者，江南而已』〔六〇〕。

袁枚在《隨園詩話》曰：『余過吳江黎里，愛其風俗醇美；家無司閽，以路無乞丐也；夜户不閉，以鄰無盗賊也；行者不乘車，不著屐，以左右皆長廊也。士大夫互結婚姻，絲蘿不斷。家製小舟，蕩摇自便，有古桃源風』。這幅太平盛世圖是明清江南私園興盛的背景。

江南私園的主人，一種為大紳士，生活極其優越。如嘉興南湖原是復社巨頭之一吳昌時的私家園林。他在畫舫内飲酒、看戲，家里養著一班歌伎，而今烟雨樓是當年演戲的前後臺。他過的不啻是神仙般的生活，且相當奢侈。陳維崧在《賀新郎·鴛湖烟雨樓感舊十用前韵》裏寫道，『記得箏堂和伎館，盡是儀同僕射，園都在水邊林下。不閉春城因夜宴，望滿湖燈火金吾怕。十萬盏，紅毬挂』。

但這是極端現象。江南私園的主人，多前半生行儒為官，後半生學道為士，即隱士。所謂『天下有道則現，無道則隱』。像明末清初的徐俟齋、李蜃園輩，他們與封建社會共存之，大抵有一番宦海遨游的經歷，最後徹悟了人生的悲與樂，所以他們的私園蘊意深遠。另一方面，由于江南人口密度占全國之首位，土地少，而又必須在狹小的空間内創造出能與天然風景媲美的景觀，于是『小中見大』的理論和技巧便成為造園藝術的最突出問題。同時，明清時江南園主大多是政治舞臺上失意者，營建私園以作為頤養天年或栖避之

西溝橋、古祠　　色空天　　林淤瀠、翠葆樹　　怪石、松風水月、太乙葉、槎枒渡

所。對生活功能的要求增多，對建築的重視甚于花木，對趣味的享受高于意適，這在清代發展到極致，天然的生趣日漸衰微，精雕細琢成為一種風格和時尚。但有些文人園尚存古意，并體現出江南的精巧和秀麗。有如其下。

·網師園

在江蘇蘇州十全街南。乾隆三十年（公元一七六五年）光祿寺少卿宋宗元退隱後買地構園，園址是已荒廢的南宋侍郎史正志的萬卷堂故地，時名漁隱。改稱為網師，襲漁隱原意。亦因園在王思巷，取其諧音，改稱網師園。乾隆末，園歸瞿氏，重加修葺，又因園近蘇舜欽滄浪亭，亦稱蘇鄰小築。現狀是公元一九四〇年一位姓王的先生所修之遺。

網師園面積僅八畝餘，是蘇州名園中規模小却又是最精緻的園林。清錢大昕《網師園記》曰：『地祇數畝，而有紆迴不盡之致，居雖近廛，而有雲水相忘之樂』。園有明清江南典型的城市私園之格局和意境。

園位于宅之西部。園本身又分為主園和內園。園的入口在住宅轎廳西小院，門楣上刻『網師小築』四個字。主園以水池為中心，環池布置建築。北有『看松讀畫軒』、『集虛齋』、『五峰書屋』等書房式建築；南以『小山叢桂軒』、『蹈和館』和『琴室』一組建築，形成供居住宴飲的曲折庭院；池東臨住宅高牆下，布置花木山石和半亭、射鴨廊；池西石崖之上，『月到風來』亭突出池中，是為賞月佳地。在池西一牆外，獨闢一區即內園，園中主要建築殿春簃，其庭院舊以盛植殿春之花芍藥而聞名。內園還有冷泉亭和涵碧亭，花街鋪地，樹木疏朗，十分幽靜而雅致。

網師園素以布局緊湊、建築精巧和空間尺度比例協調而著稱，又巧以陪襯和對比，從而景物層次變化豐富，小中見大，意境深遠。如主園內利用多院落形成的縱深住宅山牆作為畫面背景，或依牆建半亭，或臨牆點綴樹石，遂成粉黛畫面。又如殿春簃，竹、石、梅、蕉隱于窗後，微陽淡抹，框景成圖。而蓋園頓擴空間，在于『透』字妙用。

網師園水面集中，衹在東南和西北留出兩個小水口，存『水貴有源』之意。瀕水而建的『濯纓水閣』、『竹外一枝軒』、『射鴨廊』、『月到風來亭』和石橋都緊貼水面，而高大建築物『看松讀畫軒』等却後退池岸，減少逼壓感，而留出空間植樹建空廊，形成空透的過渡，加上池岸低矮，綴以石、樹，襯出滿水的充盈和透亮。

『月到風來亭』的處理也很別致，內裝鏡子一面，映出園內景色。亭之背面為內園的東牆，牆上留出孔洞，作為亭之瓦隴排水用，孔洞裝飾得很好，頗具匠心。這種精微和玲

圖一六　《滄浪亭新記》所載同治季年葺而復之況

瓏、空間的照應和傳遞，于網師園尤為突出。

・滄浪亭

滄浪亭是蘇州現存歷史最悠久的園林，位于蘇州城南三元坊內。五代末，園為五代吳越中吳軍節度使孫承佑別墅。北宋慶歷五年（公元一〇四五年），詩人蘇舜欽買下別墅臨水築亭建園，因有感于『滄浪之水清兮，可以濯我纓，滄浪之水濁兮，可以濯我足』〔六一〕而命名為滄浪亭，并作《滄浪亭記》以表官場失意而寓情山水自娛的心情。南宋初，園歸抗金名將韓世忠，大力擴建，『園亭之勝甲于東南』。元、明兩代廢為佛寺所有。清康熙間，巡撫宋犖重築滄浪亭于土阜之上，并建舫、軒、廊及蘇子美祠。道光間巡撫陶澍又建五百名賢祠于園中。咸豐、同治之際園毀于兵火。同治十二年（公元一八七三年）巡撫張樹聲重建（圖一六），遂成今格局。

滄浪亭面積約十六畝，格局與蘇州其他私園不同，園內以山為主體，建築環山布置，園外有水池繞迴，臨池有復廊、『觀魚處』和『面水軒』，既把外景組織進園內，又將園景對外敞開，內外山水得以交融。

未入園林先成景，是其獨特之一。園門位于西北角，兩翼修廊委曲臨水，一灣清流映以樹石廊影，輕緩流淌。

由平橋渡水入園，迎面便是隆然的土阜，不作障景，這是獨特之二。山自西往東走向，橫亙于園林中部，以土為主，山腳疊石護坡，山上石徑盤迴，古木參天，道旁箬竹叢生，如此景色，賦山林野趣。山東部最高處築滄浪亭，造型古樸，上懸楹聯云：『清風明月本無價，近水遠山皆有情』〔六二〕，點明高遠意境。

獨特之三是環山布置的建築，因山阜之高而不能對視，不同于一般私園的對景、框景等，園突出的是山景之主題。東部山脚與建築聯結，有山體連綿不盡之意，北部東西向復廊曲折，沿山走向蜿蜒，其間小路也流暢自如地順勢延伸，是兩處有創意的、突出主題的建築設置。但山體西南『御碑亭』前水池水位過低，結合不好。山南是主體建築『明道堂』和『瑤華境界』，體量碩大，亦為不協調之處。

獨特之四是以清幽為主旨。山之西為清香館和五百名賢祠，祠南為翠玲瓏，取蘇舜欽『日光穿竹翠玲瓏』詩意命名，軒館曲折，翠竹搖曳，環境較為清幽。園最南端為看山樓，在清末重建時，因土阜觀景被『明道堂』所阻，建此樓以補景，樓下石室兩間名印心石屋，夏季最為清涼宜人。

最值一提的還是山阜之北臨水復廊，牆上數十間的漏窗花式，無一雷同，將個內景之山趣和外景之水情，在這流動中，在這蜿轉的廊軒間，化合為『滄浪之歌』。

・寄暢園

寄暢園位于無錫西郊惠山山麓。明正德年間，兵部尚書秦金利用惠山寺的僧寮『南隱』改建成別業，取名『鳳谷行窩』，至隆慶秦耀一代，改稱寄暢園。

秦金（公元一四六七至一五四四年），字國聲，號鳳山，據秦氏宗譜所述，為宋大學士秦觀之後。祖居無錫埭歸山，二十歲中舉人，二十七歲入榜進士，後做過福建司主事、四川司郎中、河南提學副史、河南左參政、山東左布政司、都察院右副都御史。嘉靖二年（公元一五二三年）升為南京禮部尚書，後又改任南京兵部尚書，嘉靖六年（公元一五二七年）因屢次直諫上疏，積失帝旨，便以考察自陳，要求引退回鄉，經朝中同僚竭力保舉推薦，四年後便又被召回，任南京户部尚書，一年後改任北京工部尚書，嘉靖十三年（公元一五三四年）受封右少保，次年升太子太保，復改任南京兵部尚書，直至嘉靖十五年（公元一五三六年）告老榮歸。秦金是位封建社會的忠臣，他得到的加官賞賜也是豐厚的，他在西水關的宅邸有門聯云『九轉三朝太保，兩京五部尚書』，概括了他一生的榮祿。秦金又雅好詩文，一生著有《鳳山詩集》、《通惠河志》、《鳳山奏稿》等集，他的『鳳谷行窩』還是詩友『次第舉會』場所之一。

最早建造的『鳳谷行窩』比較簡單。正德間，秦金公務紛繁，幾難賦閑買地築園，故也有『鳳谷行窩』的建造年代為嘉靖六年（公元一五二七年）『乞休歸』在家四年之後的説法。行窩，當含自謙之意。『鳳谷行窩』，據記載，中有大池，寬廣可十餘畝，旁多古木，後倚一墩，實際上是秦金利用原有形勝，稍作收拾，簡樸地點綴一些亭橋而已。不足一年就建成了，有詩為證『小結吾廬閲歲畢，捨身功就更齊家。浮生滚滚憐塵世，獨倚春風看落花』〔六三〕。園築成後，又作詩一首『名山投老住，卜築有行窩，曲澗盤幽石，長松育碧蘿。峰高看鳥度，徑僻少人過。清夢泉聲裏，何緣聽玉珂』。後來，秦金的詩友描述『鳳谷行窩』的詩篇，也可見園內并無華麗廳堂建築，勝處祇有山水烟霞、日月碧空等自然景色，『午橋野堂秀鬱鬱，九龍峻嶺流淙淙，巍峰冠若兮衆迴，列中有亭兮平波……』〔六四〕。

秦金死後，園歸族孫秦梁，嘉靖三十九年（公元一五六〇年）父子倆曾將園子作一次修整，鑿池築山，費一番心機。秦梁之後，園『再轉而屬中丞公』，便是秦梁的侄兒秦

圖一七　寄暢攀香

耀，改築園林，成寄暢園的主人。

秦耀（公元一五四四至一六〇四年），字道明，號舜峰，隆慶五年（公元一五七一年）進士，萬曆十四年（公元一五八六年）升為右副都御史，後被劾罷歸。但秦耀一代，素為官紳門第，其時家已富甲錫邑。這些都驅使他以山水園林為寄托和自慰，日夕徜徉于『鳳谷行窩』之中，并傾注心力改築舊園。經過幾年的專心致志，構思擺布，終于完成夙願。共得二十景。秦耀心中欣慰，每景題五言詩一首，并總名為寄暢園。『寄暢』者，取王內史『寄暢山水陰』詩句：『取歡仁智樂，寄暢山水陰，清冷澗下瀨，歷落松竹林』（秦毓鈞《寄暢園考》）。以山水比君子之仁德，由寄托而暢心，解脱中歲罷歸之心結，他于二十景之一的『含貞齋』（藉原有一株孤松而構設的景點）詩云：『盤桓撫孤松，千載懷淵明，歲寒挺高節，吾自含吾貞』，道出其心境。

《鴻雪因緣圖記》所載寄暢園與今日園址規模相似（圖一七），面積十四點八畝。園門臨惠山街，入園後是一片竹林，以孟浩然詩『荷風送香氣，竹露滴清響』之句名為清響，出清響，即可看到迎面聳立的惠山和位于園中心數畝之廣的水陂『錦匯漪』，一園山水悉呈眼前。向南，有廊名『清御』，映竹臨池，長達百步，與三面接水的知魚檻相接，知魚檻為一敞亭，突入水中，游魚可數。再往南亦為廊，長二百步，古木蔭覆，名『鬱盤』。廊端接書齋『霞蔚』、『先月榭』，『凌虛閣』高三層，峙立在後，可瞰園內和惠山景色。此為錦匯漪東岸一列主要的賞景建築，均依水面山而築。出凌虛閣往南，有石拱橋跨過水澗，至卧雲堂，再前為鄰梵樓，已臨惠山寺界。園西北，地勢隆起，樹高林密，靠西一株孤松，築有『含貞齋』。循石階而上有栖元堂和鶴巢，這裏正是山林腹地。栖元堂是會客之所，前有石階，種牡丹數十本。堂北為一山丘，即原『鳳谷行窩』中的案墩，高處壘石為臺，名爽臺。臺下石隙泉水淙淙，為『懸淙澗』。臨澗有屋名小憩，高處有一亭。園的北端，有置于錦匯漪水中的涵碧亭，靠西，林木之中有高聳的環翠樓。在這樣的一個山水俱勝、幽闢清曠的環境裏，秦耀『竟日欣游陟，都忘名利場』，度過餘生。

秦耀之後曾分園予子，一直到清初，秦耀曾孫秦德藻主持加以合并及改築，結束分裂殘局，并請了當時造園高手張漣，使寄暢園趨于完美。

張漣時年事已高，遂由他侄子張鉞按照他的構思布局完成。這次改築，是全面進行的，從掇山理水到廳堂亭閣，一草一木，皆有詳慮，尤尊重『寄暢』之意，皆顧錫、惠之背景來處理園中每一局部，并且行疊石引水，獨具匠心。粗樸的黃石堆砌的山脚池岸、澗谷峰巒，以自然渾厚見長。改築之後，錦匯漪成為全園的構圖中心，景點名稱大都沿用秦耀所提舊名，景物則增加了一松亭、迷花亭、美人石、七星橋、八音澗等，澗、峰、谷、泉、林俱全，且巧于因藉：錦匯漪倒映東南方向錫山龍光寺塔于漾波；八音澗背倚惠山引山澗如天成，從而寄暢園成為內外宛若自然的園林。『由是茲園之名大喧，傳大江南北，四方騷人、韵士過梁溪（無錫古稱）者，必輟棹往游，徘徊題咏而不忍去』〔六五〕。

寄暢園名噪一時，康熙南巡，每次都要到寄暢園駐蹕。乾隆六次游寄暢園并題詩，還在北京的清漪園內建惠山園（諧趣園），模仿寄暢園的景色和意境。『一亭一沼皆曲肖，古柯終覺勝其間』。連『知魚橋』名稱也源于『知魚檻』，取自《莊子》典故。但畢竟不是值景而生，意趣還是不一樣了。

·隨園

清初，南京私園很多，其中隨園為最著。隨園在小倉山，為隋織造園，袁枚官江寧縣令，築園于此，易隋為隨。

袁枚字子才，號簡齋，清康熙五十三年（公元一七一四年）生于杭州，嘉慶二年（公元一七九七年）歿于江寧，是記載上稱為『有政聲』的官吏。但他不屑仰承上官鼻息，看破宦場奸偽，毅然引退，園居達五十年之久。他在園落成時，歡曰：『使吾官于此，則月一至焉；使吾居于此，則日日至焉，二者不可得兼，捨官而取園者也』。遂乞病，率弟香亭甥湄君，移書史居隨園，曰：『君子不必仕，不必不仕，然則余之仕與不仕，與居茲園之久與不久，亦隨之而已』〔六六〕。可見袁枚之達觀心態。

在這種心態下所建，隨園之奇也就于江南獨特無雙。

袁枚《隨園記》：『金陵自北門橋西行二里，得小倉山；山自清涼山胚胎，分兩嶺而下，盡橋而止，蜿蜒狹長，中有清池水田，俗號乾河沿』。在此環境下，隨園布局因山谷高下分為東西三條平行體系：主要建築全在北條山脊，南山衹有亭閣兩座，中間一條是溪流（今廣州路面）；南北高，中間低，形成兩山夾一水的格局（圖一八）。《隨園詩話》曰：『隨園四面無牆，以山勢高低，難加磚石故也。每至春秋佳日，仕女如雲，主人亦聽其往來，全無遮攔，惟綠淨軒環房二十三間非相識不能遂到』。在封建社會中，提供私園給市人共享的園子是很少的，此恰為隨園特點之一。

特點之二是因地制宜、巧于因藉。隨園『茨牆翦闔，易室改塗，隨其高為置江樓，隨其下為置溪亭，隨其夾澗為之橋，隨其湍流為之舟；隨其地之隆中而欹側也，為綴峰岫，隨其蓊鬱而曠也，為設宦窔。或扶而起之，或擠而止之，皆隨其豐殺繁瘠，就勢取景，而

圖一八　隨園訪勝

莫之夭閼者。故仍名曰隨園，同其音异其義』〔六七〕。建園之宗旨『隨』字可見。園中有宴會賓客的主室小倉山房、讀書寫字的夏涼冬燠所、眺望妬鳴寺和明孝陵風景的綠曉閣（亦稱南樓）、藏書三十萬卷的書倉、詩世界之室。四時烟景，園所蓄蘊。

隨園之奇，其三為仙隱之趣。袁子才曾撰六記，其自言曰：『吾園奥如，曠如，一房畢，一房復生，雜以鏡光，晶瑩澄澈，迷于往復，宜行宜坐。高樓障西，清流洄伏，竹萬竿如綠海，蘊隆宛暍之勿虞，宜于夏。琉璃嵌窗，目有雪而坐無風，宜于冬。梅百枝，桂十餘叢，月來影明，風來香聞，宜于春秋。長廊相續，雷電以風，無庸止足，則又與風雨宜。……則見因山為垣，臨水結屋，亭藏深谷，橋壓短堤，雖無奇偉之觀，自得曲折之妙，正與小倉山房詩文體格相仿』〔六八〕。袁枚有『隨園二十四咏』，就園中二十四景分别繫以七言古體詩。二十四景重點在南臺，居全園中心，臺上銀杏、老樹粗達十圍，依幹構架，稱『因樹為屋』。另，南山古柏六株，互盤成偃蓋，因這縛茅，呼為柏亭。又有六松亭，也是利用松樹枝幹結成，《隨園瑣記》稱『其枝幹之披拂，儼然綠瓦之參差』。此天然之趣已達極致。

清末樸學家俞曲園稱：『子才以文人而享山林之福者數十年，古今罕有』。子才歿後二十餘年，園已淪為茶肆。在太平天國末，因無人照料園漸毁圮。童寯先生在《隨園考》中，留有南京市上海路廣州路口『隨園』街道牌名的照片，今此地已聳立大廈，曰『隨園大廈』。

·天一閣

寧波天一閣，原是明兵部右侍郎范欽的藏書處，建于嘉靖四十年至四十五年之間（公元一五六一至一五六六年），是我國現存歷史最久的藏書樓。

范欽，字堯卿，號東明，平生愛讀書，聚書七萬餘卷，閣之初建，鑿一池于其下，環植竹木，然尚未命名，後他依據古書中『天一生水』的説法，取『以水制火』之義，把藏書樓定名為『天一閣』，池則蓄水防火。清康熙四年（公元一六六五年），范欽的曾孫范光文又增構池亭。閣前有山石，尤樹木葱蘢，和藏書樓渾成一體，形成幽靜清麗的環境。

在這個環境中，樓為主體，山、水、樹木為陪襯。其作用一是有防火功效，二是創造氣氛。這種樓與園的特有形制，後為各地庋藏《四庫全書》的文淵、文源、文津、文溯、文匯、文瀾、文宗閣所效仿。

據《鄞縣通志》記載：『此閣構于月湖之西，宅之東，牆圃周迴，林木蔭翳，閣前略

圖一九　天一觀書

有池石，與闤闠相遠，寬間靜閟，不使持烟火者入其中，其能久一也』。閣不同于中國古代建築單數間制，閣『通六間為一，而以書橱間之。其下仍分六間，取「天一生水地六成之」之義』〔六九〕。『案，天一生水，地六成之，出鄭玄易大衍注，為揭文安天下池記所釆用』〔七〇〕。

據《鴻雪因緣圖記》之『天一觀書』圖文所示，『閣前不植花木，石笋林立』，所謂『階前奇石秀，閣上古書香』，當為較早情形（圖一九）。而從清光緒天一閣重修後所作『南亭樾圖』看，閣前有一平臺，已是栅欄臨水，水後有假山，山左高右低，有兩亭，一于左側山上，一于右側山脚，其間有徑相連，并有路穿山越水作婉轉狀，山上樟樹濃蔭蔽日，呈天然景象。閣後有規則階梯式花壇，壇後有山石樹木。

對此園林，范氏一族歷來視為珍貴之物，惜之如書，在《鄞范氏天一閣書目内編凡例》『禁牌』中有：『前後假山植有花木，今春略為蒔，如有子孫攀折毁傷罰不與餕一次；花壇假山及一應石砌，毋得扒掘損壞捶臼搗衣，違者罰不與餕一次；池水為一門仰給，如有向池水洗汙及游泳犯者，罰不與餕二次』（道光九年乙丑歲八月浣穀旦）。如此定下家規保護山水樹木者，此例為最。

到民國二十二年（公元一九三三年），閣東垣傾圮，後重修，二十五年錢罡書《天一閣全境圖》時，有現所見布局：假山呈『一象九獅』動物之態，石如『福』、『禄』、『壽』之書，右側山脚亭呈倚牆半亭，稱『蘭亭』。閣則明間當中，西門多一間，呈六間。在閣後的花壇假山背後，移建寧波府學尊經閣，閣北又搜集碑碣八十餘方羅呈『明州碑林』。閣前舊境的木栅欄改為石板，明間空無以方便汲水。情境不及先前古意盎然、簡明爽朗，却更適用。

此外，該園有别于他處便是濃鬱的文人氣息，這就是書香和墨香。且不説書中『又有芸草一株，淡緑色香尚馥鬱。三百年來書不生蠹』，就是看一眼崛起白屋之下的敝紙渝墨，便覺『高閣凌虚有清流激湍映帶左右，宸章在上勝商彝周鼎傳示兒孫』了〔七一〕。

・片石山房

『片石山房，在（揚州）花園巷，一名雙槐園，邑人吴家龍别業，今粤人吴輝謨修葺之，園以湖石勝，石為獅九，有玲瓏夭矯之概　』〔七二〕。光緒九年（公元一八八三年），為何芷舫（又名何維建）購得。

片石山房相傳為清初大畫家石濤和尚所擬構。石濤，原名朱若極，明皇室後裔。自署大滌子、苦瓜和尚、清湘老人、湘江陳人一枝叟、瞎尊者等。石濤是中國歷史上畫壇一代巨匠，與八大山人朱耷并為清初畫壇的『雙子星座』。清康熙年間，流寓揚州。《揚州畫舫錄》、《揚州府志》及《履園叢話》等都記載他在揚州兼工疊石。『余氏萬石園，出道濟手。至今稱勝迹』〔七三〕。但萬石園早已焚殆，完整遺址難尋。片石山房許係石濤一大手筆，但因祇有部分假山和楠木廳保留，餘均損壞，故片石山房的假山一直被推測和譽為石濤疊山的『人間孤本』。公元一九八九年，吳肇釗先生以史料為參考、遺迹為依據、畫論為指導，對『片石山房』作了修復工作。

此處七八〇平方米，雖占地不廣，卻丘壑宛然，經營位置極為精美，真所謂『搜盡奇峰打草稿』。《履園叢話》卷二十：『揚州新城花園巷，又有片石山房者。二廳之後，湫以方池，池上有太湖石山子一座，高五、六丈，甚奇峭，相傳為石濤和尚手筆』。

清嘉慶《江都縣續志》卷五：『片石山房在花園巷，吳家龍闢中有池，屈曲流前水榭，湖石三面環列，其最高者特立聳秀，一羅漢松踞其巔，幾盈抱矣，今廢』。

寄嘯山莊主人何芷舫的孫子何適齋，生前曾親眼見過片石山房當時情形，曾著《記揚州園林片石山房》一文，其中曰『園中有方池，南岸有水榭空出池面，遥遥與假山主峰相對，軒窗三面，觀賞游魚，生機盎然。由水榭觀全園，最是小中見大，徜徉其間，恍若置身于福地洞天大自然之勝境，至足樂也。池左側粉牆數仞外有樓房一楹，池前廣地花木扶疏，楚楚有致。楠木廳旁東壁，鎸有「片石山房」四個橫排石刻一塊，廊前空地，亦有修竹數竿，琴臺一座，面對岑嵐，以寄高山仰止之思』。

這些都一如該園。南岸建水榭突出池面，園東明楠木大廳，渾厚端莊。楠木廳東壁鑲有磚刻『片石山房』四字。最重要的是北岸假山，倚牆呈東西蜿蜒，是片石山房的主景，西首為主峰『獨峰依雲』，『迎風聳翠、奇峭迫人』，其餘『湖石三面環列』、『玲瓏夭矯』。拾級可達峰巔，俯瞰全景，層崖疊嶂，丘壑起伏，波光嵐影上下輝映。峰下築石屋兩間，洞口使人有深杳莫測之感。山腰谷地，古樸羅漢松屹立。片石山房的精妙古樸、典雅自如、片石崢嶸，正如石濤詩句所勾劃：『四邊水色茫無際，別有尋思不在魚，莫謂池中天地小，卷舒收放卓然廬』。

祇是，『片石山房』和『石濤』之間，所見記載均為『相傳』之關係，這該是歷史留給後人的永遠疑問。

圖二〇　廣州富豪大型私園
公元一八四三年英國人迪克森（C.T.Dixon）根據埃羅（T.Allom）的畫刻成版畫。

（二）以嶺南為代表的富豪私園

明清時期是中國封建社會的晚期，發展遲緩，但手工業和商業相當發達，雖實行限制對外貿易政策，但所幸長期特許廣州等口岸保持對外通商，故有助于嶺南地區繼續發展，同時產生不少富豪。明清之際，享有盛譽的私園如廣州大東門外陳大令所營之東皋別業，城西吳光祿所築的西疇，清道光年間廣西武鳴縣西三面臨江的富春園（後名明秀園）等。清代富豪莫過于龍斷對外貿易的十三行行商，他們的私園更具規模（圖二〇）。以清道光年間行商潘仕城的海山仙館為例，園廣水寬，足以泛舟；山岡崇峻，儼然蒼岩翠岫；水中築臺，供管弦歌舞，音出水面更覺清響可聽；石塔五層，潔白如雪；荷花世界，可洗暑熱煩塵；臨池房舍，雕鏤藻飾無不工精，有『南粵之冠』美稱。

嶺南園林發展至明清，地方特色可謂發揮得淋漓盡致，既參考蘇杭，又吸取歐式，構成嶺南特有風格。一方面，布局上以庭園為主，以建築為主要景觀，在內容上更賦民間氣息；另一方面，由于南方暑熱多雨的氣候，善采用開敞的廳堂、通透的橫楣花罩漏窗、虛實相掩的廊廡，又喜用綠蔭、碧水、冷巷和通爽的平臺，尤『連房廣廈』以避雨、陽，構成一派南方情調，這在清代邱熙營建的『虬球圃』（唐荔園圖，阮由題名，為紀念唐代廣州西郊荔園）圖中可見一斑。還有建築與裝修上的種種特有手法和建築材料，如石灣琉璃瓦件、潮州漆金木雕、東莞大青磚、套色蝕花玻璃、廣式紅木家具、嶺南花木和盆景陳設等等，在富豪不惜工本的運用之中，使嶺南園林帶有鮮明的地方風貌。

·可園

可園在東莞西南城郊博廈。東莞晉屬東官郡，唐代分置為縣，因縣內盛產莞草，改名東莞。莞城氣候為『三冬無雪，四季常花』。可園于可湖旁，自然風光極為幽雅，此園原址是冒氏宅園，道光末年（公元一八五〇年）張敬修返歸原籍，購此地築園。特邀嶺南畫派祖師居巢、居廉兄弟及兩廣文墨名家琢磨營構，至同治三年（公元一八六四年）基本完成。

張敬修字德圃，性格與衆不同，從小嚮往成名成家、光宗耀祖。道光年間，他按清末慣例，用錢捐了個同知，并在本縣縣城修築炮臺、議論兵法、練習槍法，成了百發百中的槍手。公元一八四五年，他正式上任到廣西做官，名義上自己拿出錢來招兵募勇、添器備械，得到『毀家紓難』的美譽。其實，他在鎮壓不斷涌起的起義中，『一年清知府，十萬

圖二一　東莞可園鳥瞰

雪花銀』，搜刮了不少民財，為後來營造可園積累了錢財。他在一次鎮壓羅大綱同李亞瓊聯合起義的戰斗中，『領兵查辦，而匪勢益張』〔七四〕。而向上提議又没有被采納，于是辭官回鄉，構築可園，并在大門口挂起對聯：『未荒黄菊徑，權作赤松鄉』。説自己要像陶淵明、張良那樣退隱。但實際上，後來他兩度東山再起，鎮壓太平軍，同時又仗著自己會講方言土語，在圍攻中和太平軍做起買賣來，成為暴發户，『東勇尤狡黠，與賊為弟兄。更于陣前立，土音操其鄉。苞苴互相投，烟焰何茫茫。……』〔七五〕。張敬修每次辭官均迫無奈，是一個急功近利、兼懂文武的人物。公元一八六一年，兼代布政使，主持江西一省財政大權。他自公元一八五〇年構築可園到公元一八六四年死于可園，幾次重建、加建，均屬退官之時。

據居巢（張敬修的幕賓，跟隨張敬修多年，也客居可園多年）的題咏『水流雲自還，適意偶成築，拼償百萬錢，買鄰依水竹』來判斷，當年是不惜代價建園的。

可園的造園意旨很明確，據張敬修自撰《可樓記》云：『居不幽者，志不廣；覽不遠者，懷不暢。吾營可園，自喜頗得幽致；然游目不騁，蓋囿于園，園之外，不可得而有也！既思建樓，而窘于邊幅，乃加樓于可堂之上，亦名曰「可樓」。……勞勞萬象，咸娛靜觀，莫得隱遁。蓋至是，則山河大地舉可私而有之。蘇子曰：「萬物皆備于我矣！」慚愧！慚愧！今日享此，能不藦顔？因書此于蜾匾，以博座客之一粲云。』可園，有『無不可無可』的自謙涵義。另，張敬修的侄子張嘉謨，亦可園的後繼人，在《可軒跋》中云：『廉訪既名其園曰：「可園」。凡園中之軒館，亦多以「可」名之，若三致意焉者。蓋公嘗再仕再已，坎止流行，純任自然，無所濡滯。其于樂天知命之學，深造有得，固無入而不可者，一軒一館云乎哉？』又有『無可無不可』之坦然心緒。

可園建在一塊外形不規整的多邊形地段上，運用嶺南傳統民居、莊寨、園林的布局手法，將居住、防衛和游玩三方面統籌考慮，特點是利用廳堂室舍、廊榭房軒、亭臺樓閣，將建築沿外圍邊綫成群成組布置，『連房廣廈』，圍成一個外封閉内開放的大庭園空間，其中布置山池花木等，當地稱『金角銀邊』格局（圖二一）。

一角在東南，設入口，前有一小廣場。門廳是這組建築的軸心，前有凹門廊緩衝之地，後有六角『擘紅小榭』為客人小憩之處。該區是接待客人和人流出入的樞紐，南可通『草草草堂』，上為『伸手樓』（俗稱『小姐樓』）。

由西南曲廊成邊，接另一角，即西區。以園中最高的『邀山閣』為標志和中心，下為『雙清室』（平面呈『亞字』，又名『亞字廳』）和『桂花廳』（可廳），周以廚房、備餐、侍人室，構成款宴、眺望的場所。

北邊是沿可湖的一組建築，以可堂為主體，周圍迴廊環繞，是一區游覽、居住、讀書、琴樂、繪畫、吟詩的地方。既有『問花小院』，幽靜宜人，又有『博溪漁隱』臨水，可飽覽可湖秀色，居巢對此處的意境咏為：『沙堤花礙路，高柳一行疏；紅窗鈎車響，真似釣人居』。沿湖還有船廳、觀魚簃（心舸）、可亭、可舟、釣魚臺等和水面相接或延伸至水中，是化園內園外景色為一體的西北一角。

這三個角的建築雖處不規則地帶，又內容繁雜，但均南北和東西成正交關係。銀邊南牆內為連廊，整個環貫可園的走廊曰『環碧廊』。這樣，全園計有十九個廳堂和十五個房室，却通過西南曲廊、南側連廊和三個角的檐廊、前軒、過廳、套間、敞廊聯成群組，居巢有《環碧廊》詩：『長廊引疏闌，一折一殊賞；茉莉收晚涼，響屐日來往』。環碧廊是可園的紐帶。它既組合起不同的門扉户洞，又『連房廣廈』，圍合起中心庭院。

庭院是可園之中心，呈曲折狀。西南部，近入口處以寧靜、幽邃取勝，院中主要景物是嶺南果木（荔枝、龍眼）和水面，樹下散置黃臘石數塊，石几和石桌數張。水面呈『L』狀，轉向東北部，此處平面方整，視綫開闊，院中掇有假山一座（公元一九七二年被毁），外形如獅，獅口有金魚池滴水，俗稱『獅子上樓臺』，用當地海邊珊瑚石造。假山之西有露臺『蘭花台』，栽植名花和盆景，臺側種有梅花和紫荊等景栽。假山之東花壇，專栽菊花，秋來菊花叢立成壁，謂『園林頃刻成錦秋，紅英紫艷黄金球』，有時也呈蕭瑟境，如『殘菊未逢殘客聚，風前相與傲寒霜』，『萸囊菊枕俱閑坑，冒雨歸來正夕曛』〔七六〕。假山之北有『拜月臺』，西北角有瘦剔英石一塊，以粉牆為背景，牆上有明潔的套色玻璃格窗和蕉葉形漏花窗，構成典型的嶺南私園情境。

·餘蔭山房

餘蔭山房又名餘蔭園，在廣東番禺南村。原為清末舉人鄔彬（燕天）為紀念祖先餘蔭所造。鄔彬于咸豐五年（公元一八五五年）中舉，後簽分刑部堂主事，為七品員外郎。其長子和次子亦先後中舉，故有『一門三舉人，父兄弟登科』之説。

園始建于清同治五年（公元一八六六年），舉人鄔燕天聘名工巧匠歷時五年建成。

園占地三畝，以水庭院為中心，非迂迴曲折取勝，取疏空靈巧之長。整個水庭院以『畫橋』為分隔，把園分為東西兩部，但因是橋廊，橋下之水和橋周景物仍貫通一氣。

西部以長方形石砌荷池為中心，由南門入園，過門廳、穿竹徑小院至山房花園門，門旁有對聯一副：『餘地三弓紅雨足，蔭天一角綠雲深』，内含『餘』、『蔭』二字。進門後豁然開朗，一泓碧水汪然，名曰『蓮池』，主要建築『深柳堂』隔池和『臨池別館』成軸綫對稱布局，池北深柳堂前有兩棵蒼勁的炮仗古藤，絢麗悦目，和主廳之裝修雅麗、木雕精美，形成繁華景象，池南『臨池別館』則造型簡潔，主次分明。

東部中央為八角形水池，池中築八角亭名波暖塵香水榭，玻璃通透，可八面觀景；東、南兩面沿牆設峰巒假山；東北池水東延成渠，孔雀亭跨渠而建；倚北牆建六角半亭南薰亭；榭西即畫橋『浣紅跨綠』。四周還有許多大樹如菠蘿、臘梅、南洋水杉等珍貴古樹，與山石、橋亭交錯穿插配置，樹蔭蔽日，構成深幽迴環的園景，和東部形成對比。

園池成幾何形，池岸規整。建築組織成軸綫關係，一是穿徹西部的南北軸線，一是横貫東西的庭院軸綫——榭、水池、橋對稱而連通，將園中以建築為景觀的琳瑯滿目景色組織成有秩序的整體。此為餘蔭園最突出之處。

周池列景，壓邊建置為嶺南建園特點，亦該園特色之二。

特色之三是高樹深池，壇石結合。嶺南常年氣温較高，樹高影濃，水深米許，以利嶺南庭園環境。又常于樹下置花壇、頑石，平臺上置石臺、石椅，周有勁竹、花藤，形成外部使用空間。

用寬敞的廊軒（深柳堂前軒寬二米三，臨池別館前廊寬一米八）連接内、外空間，又和橋廊、迴廊連成一體，避風雨、遮暑熱、巧過渡、宜分隔，是特色之四。

這些特色加之綠色琉璃漏花窗，富有形似的獅山、鷹山、童子拜觀音山、深柳堂的栩栩如生的花鳥花罩和桃木槅扇畫橱，將精心雕琢、賦世俗民情的嶺南庭園活脱脱顯現出來。

餘蔭山房東南角之瑜園是園主第四代孫鄔仲瑜謀資擴建，比主園晚約五十年，面積為四一五平方米。園以船廳為中心，左右布置天井廳齋，南有小水池；北藉餘蔭山房的水石花木，使船廳宛如置于水面之上。庭中花木無多，主要擺設些盆花，沿牆設置花臺花池，條石鋪地，明潔清爽。　瑜園内磚雕、木刻、瓷嵌、灰塑等工藝甚豐富，兼具嶺南鄉土和西洋風味。

・林家花園

臺灣氣候炎熱，居住在這裏的富户喜將房側屋後空地布置成庭園，種植花卉，怡情養性。明代時期的臺灣王府重臣及避難來臺的文人雅士就相繼建園。清代中葉，臺灣經濟中

圖二二　林本源庭園舊迹　本世紀二十年代日本人森山松之助氏攝影。

心北移，望族富户崛起，造園之風甚盛，先于臺南，如富商萬利的蘇園、富户吳世強的歸園等，道光年後，造園之風傳到中部和北部，林家花園乃此時期的重要名園。

該園在臺北市板橋流芳里西門街。林氏祖先林應寅于清乾隆四十三年（公元一七七八年）來自福建漳州龍溪，居淡水之新莊。不久即返回内地，其子林平侯時年十六歲，仍留在臺灣經商，他招佃開墾，成了臺灣首富。至道光十四年（公元一八三四年），林平侯過世。平侯有子五：長子國棟（飲記）、次子國仁（水記）、三子國華（本記）、四子國英（思記）、五子國芳（源記）。國華、國芳兄弟友愛，同産共居，號曰『本源』，乃取『飲水思源』之意。清道光二十七年（公元一八四七年），林本源首建『弼益館』，為點收租穀之處。咸豐三年（公元一八五三年）又建『三落舊大厝』，莊重森嚴，建築裝飾富麗堂皇，是時林家財富日聚，蒸蒸日上，林家花園乃建于舊大厝之東側，又名林本源庭園（圖二二）。

隨著林家成員漸增，加以各人妻妾衆多，僕人亦衆，在臺的第三傳人國華之子林維讓在『舊大厝』後建造三落新大厝，光緒十四年（公元一八八八年），又增建兩進，形成『新大厝五落』，此時林家財富全臺無出其右的地位已被完全認定，趨于滿足娛樂和交往。光緒十四年至十九年（公元一八八八至一八九三年），林家花園也加以擴建，規模宏大。

園占地一點三公頃，以建築為主要景觀，形成八個景區：宜于詩書的『汲古書屋』庭院；與文人墨客觀戲的『方鑒齋』水院，水院中有戲亭；安置貴賓下榻的『來春閣』庭院，前有『開軒一笑亭』；觀賞百花之所的『香玉簃』庭院，院前每至秋間，紅、白、黄等菊花盛開；婦女垂釣和賞月之處『月波水榭』；可遠眺耕作的『觀稼樓』庭院；花園中最大的建築群『定靜堂』，是林家招待賓客、開盛大宴會之處；最後一區是『榕蔭大池』，在定靜室西，南接觀稼樓庭院，北抵園牆，相對獨立，池北有仿林家故里漳州山水敷設的假山，池旁有『釣魚磯』，池中有『雲景淙』等景。

這八景區相對以庭院或圍合的空間各自獨立，除『榕蔭大池』山水景區外，建築大致對稱，呈南北、東西或順住宅朝向，壓邊連院布局。各庭院、景區之間有綠地、花木、山石或廊廡相連，設計精妙，清雅幽深。既有嶺南庭園之特色，整體又承襲虛實相間、互為因藉、變化豐富的江南園林設計原則。

園内建築主要受閩南建築形式影響，如定靜堂壁上敷八角形、龜甲形、十字形、花卉形等多種花樣磚片圖案，定靜堂廊前左右壁用紅磚雕刻。來春閣、定靜堂、觀稼樓前并有花、果、昆蟲等形的鏤空花牆。欄杆有木質、石質和瓷質幾種。迴廊、牆垣等出入口呈方形、半圓、圓、八角、酒壺等，極富變化。方鑒齋水院側，以磚或砥砧石疊成假山。榕蔭大池北岸用泥灰塑帶狀假山，四周廣植茂樹，尤幾株榕樹槎椏優美。這都使得林家花園獨具特色。

很可惜，林家花園全部完工之後的第三年（公元一八九五年），臺灣被割讓，落入日本的殖民統治。林維源舉家遷回廈門，林氏在廈門鼓浪嶼又再建了一座園林，稱『菽莊補山園』，園内建有『小板橋』，藉以紀念臺灣的板橋林家花園。當然這是後話了。

（四）以徽州為代表的儒商私園

徽州位于皖南山區，是一個歷史悠久并且有著相當穩定性和獨立性的區域。早在秦始皇統一六國時，這裏即設黟、歙二縣。明清徽州治歙，領歙、休寧、績溪、黟、祁門、婺源六縣。徽州從宋始經濟、文化起飛，至明清兩代達至高峰。尤其在明成化年間，徽商改變鹽法而騰飛于商界，經濟蓬勃發展。對此明代著名戲曲家湯顯祖曰：『欲識金銀氣，多從黃白游；一生癡絶處，無夢到徽州』。徽商的再度崛起和財雄勢大，帶來明清徽州私園的勃興。

自宋至明清八百年間，總體來説，由于歷史文化的原因，徽商是支賈儒結合的商幫。『行者以商，處者以學』，『雖為賈者，咸近士風』，被人們冠以儒商之稱。他們往往長年浮泛于浩渺江海，久客不歸，重經營輕別離，晚年則知還逸老，欲求息肩，雅志村泉，共敘天倫，築室建園。這種私園常和家宅及生活聯係一起，或于庭園之中，或立住宅之旁，却都清爽宜人，以樹木或盆景為主，以井泉水池為中心。

另一方面，徽州儒商在以某地理環境居住生息時，常以家族聚居為特點，『每一村落，聚族而居，不雜他姓。……鄉村如星列棋布，凡五里十里，遥望粉牆矗矗，鴛瓦鱗鱗，棹楔崢嶸，鴟吻聳拔，宛如城廓』〔七七〕。此為歷史上北人南遷圖存發展所導致。所以往往我們看到一個村一個姓，如歙縣許村許姓、呈坎羅姓、棠樾鮑姓等等。如此村落，實為一大家庭的聚居地，一户建私園全村族人共享。此特點是徽州私園的突出之處，它往往成為村莊的公共場所和充滿活力與生氣的地方。

再則，自宋至明清，徽州由于山多田少，多出外經商而成為客商。他們致富後以家鄉風格、傳統工藝建園以滿足客居他鄉的生活和精神需求，成為特殊的徽州私園一支，尤以揚州為最。萬曆《揚州府志》中提到『内商多徽歙及山、陜之寓藉維揚者』。據光緒《兩

圖二三　莘野家風圖

淮鹽法志·列傳》記載，從明嘉靖到清乾隆期間移居揚州的客商共八十名，徽人占六十名。這些徽商購地建園，不惜巨資。揚州的著名影園、休園、嘉樹園、五畝園，園主都是歙縣客商。《揚州畫舫錄》記載康熙年間八座名園中，徽商營建的就有影園、南園、篠園三座。而從風格上考察，徽商在异地的私園建造，也影響了揚州園林，這也是我們理解揚州園林風格不同于江南一般私園的原因之一。這正如陳去病在《五石脂》中所說：『徽人在揚州最早，考其時代，當在明中葉。故揚州之盛，實徽商開之，揚蓋徽商殖民地也』。

從這幾方面考察徽州儒商私園，這使得我們能從整體上理解它既有古樸田園風光，又超越一般農人的境界；既是世外桃源，又帶上奢靡之態的多重表現。

·園圃村居式

這類在文獻及目前留存下來的私園中占有一定的比例。

《太函集》載休寧吳用良『舍後治圃一區，命曰玄圃。居常藝花卉樹竹箭，畜魚鳥充牣其中，每得拳石、巉岩、蟠根詰屈，不啻珊瑚木雕』。『其客虎林，受一廛吳山下，竹石亭榭視玄圃有加』。

《歙縣志》潭渡人黃晟『家有易園，刻《太平廣記》諸書』，其弟『家有十間房花園，容園，別圃』。

《歙事閑譚》載：明嘉靖中，『吳天行，亦財雄于豐溪，所居廣園林，侈臺榭，……主人亦自名其園曰果園』。

歙縣方中茂寓迹吳越近三十年歸里後，選勝築室建園，稱『忘樂園』，編籬種竹，雜植梅桂，四時芳香。

這種園圃村居式，有于宅後的，如現徽州區呈坎村的羅會燦園；有于宅側的，如歙縣許村一私園，現為醫院屬地；有和宅隔巷而望的，如呈坎的羅石榴園。也有一如記載中的山莊式，如涇州『莘野家風』山莊（圖二三）。

涇州的『莘野家風』山莊，據載為朱氏遷涇後而為。道光五年（公元一八二五年），十世孫所撰的《摹勒耒耑公墨迹記》曰『十世祖耒耑公始遷黃田，構山莊，顏曰莘野家風。其陰則靜觀自得四字，皆公手書輒，筆法用歐陽率更體，稍參圓秀，瘦不露骨，迄今閱二百餘載』。這樣推算，該山莊應建于明末。又據《莘野家風記》文中可知，該山莊『意專乎致用。伊伊躬耕樂道。辭幣聘。……惟莘野者隱居之祖也。後代諸葛武侯似之。武侯在南陽。先生倘未親顧，則謳梁父吟。蕭然自得。必不肯貶身以求合』。可見以『莘野』作為『家風』的用意。

莘野家風『構莊數椽，介村之隈隩，陂陀環焉。兇旗兩峰，連接檐外。朝旭夕霞，丹翠相會』〔七八〕，選址甚佳。從『莘野家風圖』中，相應可見此近陀遠峰以環抱的形勝。建築不多，主要是『莘野家風』一組建築和相鄰的『映香書屋』及隔池而建的『和睦嶺』。却是『有山鋤笋，有沼蓄魚，有草樹葱蘢可娱。田二頃，當其口，課禾稼。近依門閭。因別字志耕寓意。并以莘野家風顏所居』。這種有一定實用效能的山莊，是園圃村居式徽州園林的重要特性之一。但如此『公獨閉户黯淡，岩栖谷汲，行潔寡營競，而澄心鑒物』，還是有追求的，『雖放懷丘壑，尤務積德，垂貽謀就此題舍，用示畎畝中未始無經綸。嗚呼，公之志于是乎深遠矣』。

這種園，接近農人生活，但又不同于一般完全實用的菜畦、果園、魚沼、農田，往往以林木或井泉為中心，以畦田為輔，鄰接自然，有路作連接，環境安靜具真趣，是聚族而居『宛如城廓』中的小天地。

·住宅庭園式

更小的天地作為私園的，便是住宅中的庭園了。這是徽商在『粉牆矗矗』中見縫插針、以覓雅趣的主要方式。這種庭園規模較小，大者一二百平方米，小者幾平方米。與住宅緊密結合，緊湊而活潑，尺度宜人，并藉助矮牆、漏窗、門洞與外部山水有視覺上的連通。庭園依和住宅的關係，而有前庭、中庭、後庭、側庭之分，大小各异，形狀有別，朝向不定，但一般庭園中多擺放盆栽、盆景，或種有花木、置有水池和景石等。比較隨意。

黟縣西遞的西園，用一狹長的庭院將一字排開的三幢樓房連貫成一個整體，在庭院中又用隔牆、門洞、漏窗將院分成前園、中園和後園，園中植樹栽花，敷設花臺、假山、魚池、盆景，庭院有幽深之美。西遞的胡光亮庭園也用路聯係三周的門，并組織起大小各异的景區，庭園四周圍以迴廊和落地槅扇，南有大門通向巷道，透過矮牆可以遠眺群峰，空間不大却開敞。

西遞的桃李園在僅七八十平方米的範圍內，通過游路的分割，將庭園平面分成大小不等、長寬不一的幾塊。幾個小庭院，布局緊湊，又意趣盎然。稍大一區以水池為中心，并設置花壇、盆景等。庭園四周都有景窗。在周邊不到四十米的長度上，有漏窗七個，門洞五個，北牆上兩個石雕透景漏窗有一米多寬。從而園內外情景交融一體。

黟縣宏村承志堂，是一多進深、多軸綫的大户。在西南隔牆臨街的拐角處，有一方小

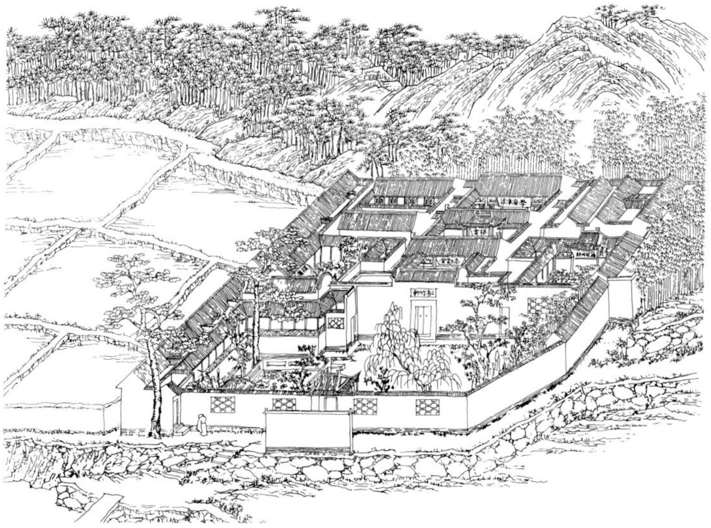

圖二一四　松竹軒圖

天地，以魚池為主體，池北和池東為屋之檐下和廊下，有美人鈎闌，曰魚塘廳。憑欄下俯，池中天光浮動，魚影千轉。池北還有幾階踏步自檐下伸至水中，可方便取水，這一細部就道出與一般私園不同處，乃具實用功能。

歙縣棠樾的遵訓堂私宅庭院，具徽派風格。遵訓堂為鮑啓運建于清嘉慶年間之私宅，正房毁于太平天國之役，現僅存東側隔一弄的『存養山房』和後進的『欣所遇齋』。兩處均為廳堂，用一面極大的花窗相隔，在這個花隔牆和『欣所遇齋』所形成的庭院中，徽派盆景構成主題。『欣所遇齋』之『欣所遇』三字出于《蘭亭集序》。漏窗隨雲影光綫變化、風聲際耳，道出『當其欣于所遇，暫得于己，快然自足，曾不知老之將至』的境界〔七九〕。

涇州《用鑒公支祠圖》中，可見米氏支祠西路隔巷而建的『新園』，園中僅樹木花草，但南北牆上均設花窗，北及梯雲閣小院，隔窗可望『鹿洞家聲』廟，南窗則及園外之景。這種小庭園的私園以漏窗融合景色，為徽州私園另一重要特徵。據《張香都朱氏續修支譜》載，此園為乾隆年間增設義學于左『然後規劃大備』而成。

宅第庭園往往是面積不大的小空間，或建築圍合而成，或建築間牆而就，簡單，規則形居多。但通過樹木、花卉、水池（井）、建築及細部的巧妙安排和處理，具有了情趣和景象。在衆多庭園中，矮牆、漏窗、門洞、廊廡、檻窗、槅扇、敞廳等，成為因藉遠景、巧納近物的手段。而植物則很少冠大蔭濃的喬木，多為小喬木、花灌木，如竹、石榴、棗樹、山茶花、棕櫚、天竹、黃楊及藤蘿等，或擺放盆栽，形成耐看的近景。涇州的《松竹軒圖》各庭院可謂徽州庭園之注解（圖二一四）。

·公共園林式

徽商富賈往往于去不數里的村口或郊野擇地建公共園林。所謂公共，乃建者為私人，而用者為族民。比較典型的有歙縣唐模的檀幹園、雄村的竹山書院園，歙西徐氏就園、鄭村村郊園林、呈坎羅家花園，黟縣的琳瀝書院、西遞村口胡家花園等。

唐模村頭檀幹園，據《歙縣志》記載：『昔為許氏文會館，清初建，乾隆間增修。有池亭花木之勝，并宋明清初書法石刻極精。鮑倚雲館，許氏雙水鹿喧堂，時常宴集于此，題咏甚多。程讀山詩注言：「檀幹園亭，涵烟浸月」，大有幽緻。鮑瑞駿題二額，俗稱小西湖』〔八〇〕。如今鮑倚雲館早已傾圮，惟檀幹溪右側小西湖中的鏡亭獨存，亭與長堤、玉帶橋相連伸入湖中，把曲折的湖面分割得靈秀、嫵媚。原來周圍植有檀樹、紫荊等花

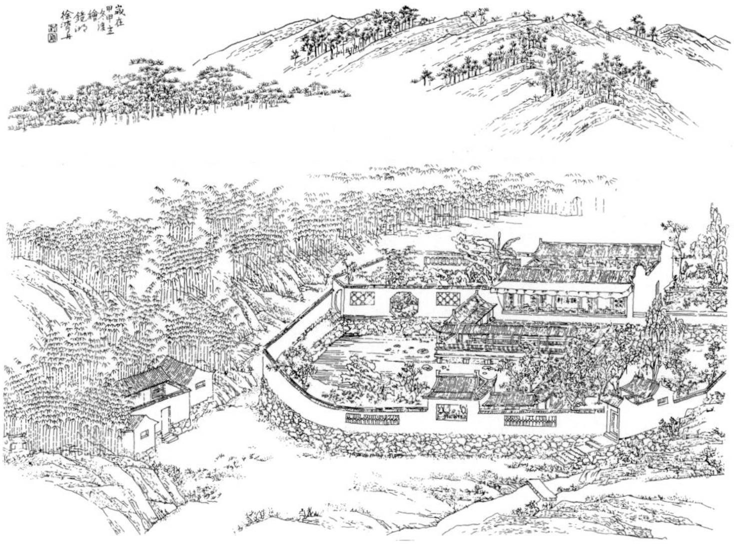

圖二五　綠竹山房圖

木，還有桃花林一片，鏡亭存半聯『喜桃露春濃，荷雲夏淨，桂風秋馥，梅雪冬妍，地僻歷俱忘，四序且憑花事告』，道出曾有的四季景色。已毀的許氏會館原坐落在鏡亭隔溪相對的平頂山的餘脉上，地勢高爽，視野開闊，為登眺佳處。文士于此吟詩作畫，何等儒雅。該園湖水之源乃檀幹溪，平頂山上古木森森，蒼蔚濛茸，伸向黃山餘脉。園就真山真水而成，自然樸素，清新宜人。它又與村口牌坊、環中亭、板橋、風水樹等相呼應，構成無分内外的天然景色。

竹山書院為雄村人曹干屏、曹映青兄弟所建。曹氏清初即為鹽商，至干屏父時已大富，建書院時實源于賈資。書院建成後，至清乾隆年間已是村中游勝之地。清代詩人乾隆戊辰進士曹學詩在此游覽後作《清曠賦》：『暢以沙際鶴，兼之雲外山』，道出此地情景。私園部分為與竹山書院相連的凌雲閣庭園，位于漸江的桃花壩上。庭園開敞處建有凌雲閣，高聳雋秀，為遠眺之處，于此，山村煙嵐、清流舟楫，皆收眼底。餘有清曠軒、曲廊、平臺、百花頭上樓等建築，布局曲折，富有變化，或隔以花牆，或通以門洞，或半廊倚牆，或片石成峰。整個園林部分敞幽自如，高下成景，園中又栽有丹桂、素梅、玉蘭、石榴、山茶、銀杏等名木佳卉，園右還有小軒，憑檻停憩，可望江景。又是一處借景自然、融内外一體的私建公共園林。書院正廳有聯：『竹解心虛，學然後知不足；山由簣進，為則必要其成』。亦可見徽州儒商心態和心境。

另一處有詳細記載的，是黃田涇州的『綠竹山房』（圖二五）。綠竹山房建于嘉慶初年，起始祇田莊數間，未構園亭，十餘年後，已是藩垣榱桷，嶄然生色。『惟茲地越三五日輒一至，至則酌酒聯吟，團坐竟日。或月挂松頂，蟲鳴草根，顧影徘徊，欲起仍止』。可見是一公共園林。綠竹山房建造之意，主要是『且竹之為物，虛心而直節，操行比君子。其豐姿瀟灑，又于山林宜。故獨取焉』〔八一〕。其所處環境又是一片綠色，故名。

該園『規三畝之地以為園，鑿陂塘起亭閣。蒔花種樹，嘯歌其間』。建築是『藉先人餘業，有山一笏，作室于其陽，向北皆五楹。為讀書所』。布局為讀書所『前則池，圍百弓許，中植芙蕖。橋闌屈曲，覆以檐灰。斜轉而西，風軒所敞。長松萬株，覿面相揖。旁多隙壤，名葩美卉之屬，無不備』。園内植物是『尤工蓺菊。每開時，燦若雲錦。牆北數十步，丙舍在焉，篔簹擁翠。涼風颯如』。

從圖中可見，綠竹山房、聽濤軒、風軒幾成軸綫，綠竹山房和聽濤軒圍合成院落，它們和風軒由曲折橋廊連接。建築又和院牆圍合，形成多重院落。或以竹、蕉，或以松、菊，或以梅、荷為各自主題，形成景區，却都是文人喜好。景區之間或門窗洞開，或廊橋

圖二六　南園(九峰園)圖

過渡，園內園外又是漏窗排開，牆折有度，和自然融為一體。

對此情此景，《綠竹山房記》的撰者曰『攬袖盈爽，憑欄適神，遂怡然渙然而不容已』。于是他在稍得買山之資後，『于山房左右，別增小築，共結幽鄰』。這大概就是《綠竹山房圖》中左側簡居的來由。于此，『二分水，三分竹，徜徉肆志，用償夙願而愜真樂』。

·徽商私園在揚州

徽商建園林于揚州，著名之一是南園，由歙縣人汪玉樞營造。汪玉樞，字辰垣，號恬齋，少時便能詩，成山林之性。南園之盛，由汪氏始。他常于南園以詩會友。至玉樞七十歲時，于葦松環抱的山堂中，作重九會，是時有北雁去來，霜鬢畈黃花開謝，無疾而終。

南園于揚州府南門外，南湖之旁。舊時是九蓮庵故地，為轉運何熠所建，因何熠是浙江山陰人，熟悉蘭亭修禊之俗，故選擇此地流觴誦文。汪玉樞建南園後，景致大變，許擇此地乃性情所致，曾有三十六人各賦七言古詩一首、『其事一時稱為勝游』的記載。乾隆年間，得太湖石九，南園又稱為九峰園。

從《揚州畫舫錄》卷七圖中和描述可知（圖二六），一是該園擇址城角，面水而設。『大門臨河，左右子舍各五間，水有牂牁繫舟，陸有木寨繫馬』，『左有長塘畝許種荷芰，沿堤芙蓉稱最，極東小屋虛廊在叢竹間更幽邃，不可思議』，對此景，有御製詩云：『觀民緩轡度蕪城，宿識城南別墅清，縱目軒窗饒野趣，遺懷梅柳入詩情，評奇都入襄陽拜，筆數還符洛社英，小憩旋教追烟舫，平山翠色早相迎』。這使人想起徽州公共園林之特色，于山水間的營造。

二是園中建築有深柳讀書室、穀雨軒、風漪閣、玉玲瓏館、御書樓等，多成庭院，『曲室車輪房結構最精，數折通』。院中或為牡丹、或為修竹，堂前或『黃石疊成峭壁雜以古木陰翳』，或『小橋流水接平沙』，布置講究，近景可觀，還有『曲室四五楹為園中花匠所居莳養盆景』。最是太湖石大者逾九，小者及尋，玲瓏嵌空，竅穴千百，或置書屋，或置南湖，或置屋角，可想見徽州宅第庭園之一斑。

還有『一片南湖之旁，小廊十餘楹，額曰烟渚吟廊，聯云：堦墀近洲渚，亭院有烟霞』；『烟渚吟廊之後多落皮松、剝皮檜』，廊其下『無數青萍，每秋冬間，艾陵野鳧、揚子鴻雁、北郊寒鴉，皆見食于此』，又一派田園風光。

南園的選址、景致和庭院設計，都令人想起徽州私園，幽、野、精為其特色。徽商的文人氣和精緻共處，亦為典型。如『一片南湖』小廳，是屋窗櫺皆貯五色玻璃的玻璃房；大門內三楹設散金綠油屏風；又有『一品石八十一竅透寒碧』之九峰，煞是講究。同時，于園中却能感受『蘆茅短短釣船低，向晚濃烟失水西，半晌風漪亭上立，無情聽殺郭公啼』〔八二〕。這種賈商注重雕琢之風與儒士追求淡泊之情懷的合一，無疑是儒商品性的外現和其人生的最高追求。

以北京、江南、嶺南、徽州為代表的私家園林，不僅是應運各地方生活背景而生，而且也是各地方人文品性的體現。但它們在明、清兩代并非完全隔離。有時因為園主的生活搬遷而傳播了一種文化和生活方式，私家園林無疑是一種突出的外在表現，如上述南園。有時因為山匠的技術傳播，而使一種地方造園風格再現于他處，如張南垣、張然父子便將江南疊石造山的手法帶到了北京，宣武門外的怡園乃此情形。

不僅如此，明、清兩代由于私家園林繁盛和發達、造園手法豐富而成熟，也影響至皇家園林。本來南北朝以降，皇家、私家園林已是并駕齊驅，然私家園林占絕對優勢，則是在封建晚期。尤清代康熙、乾隆時期，皇家園林大多集仿江南景色和私家園林，又融冶北方環境于一體，而蔚成大觀。清高宗六次南巡，對江南文物的傾倒，在園林上表現最著。如弘曆所喜歡的蘇州獅子林，甚至同時仿建于長春園和承德避暑山莊；又如清漪園（光緒十四年重建時改稱頤和園）中的諧趣園仿無錫寄暢園；避暑山莊的烟雨樓仿建嘉興烟雨樓；長春園的茹園以南京瞻園為藍本；乾隆二十七年圓明園仿海寧安瀾園建四宜書屋；乾隆三十九年仿范氏天一閣建文源閣等。從細部言，瀛臺、玉泉、暢春園假山，皆張南垣、張然父子所造；圓明園內樹木花卉則引種自江南、塞北等。正所謂『誰道江南風景佳，移天縮地在君懷』〔八三〕。也因此，私家園林的地方特色祇是相對而言。再後來，圓明園、避暑山莊等對歐洲造園的影響，實也包含諸多私家園林之內容了。

三　私家園林對日本、歐洲造園的影響

（一）對日本貴族宅邸園、寺院枯山水和文人庭的影響

若論及日本造園受中國的影響，并不能直接將私家園林與之簡單連綫，它是一系統的

圖二一七　左京三條二坊六坪宅園位置圖

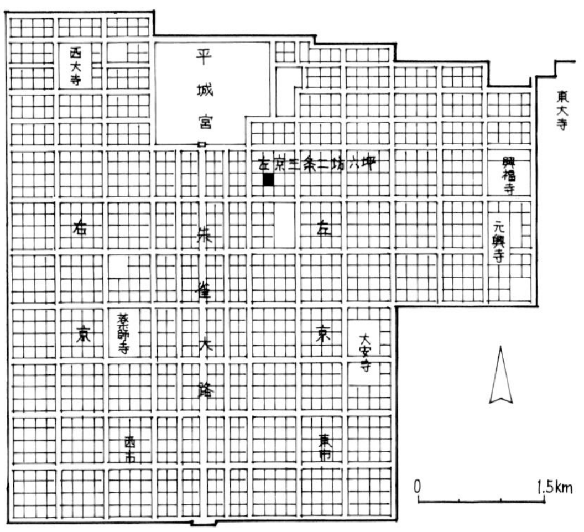

圖二一八　左京三條二坊六坪宅園遺構配置圖

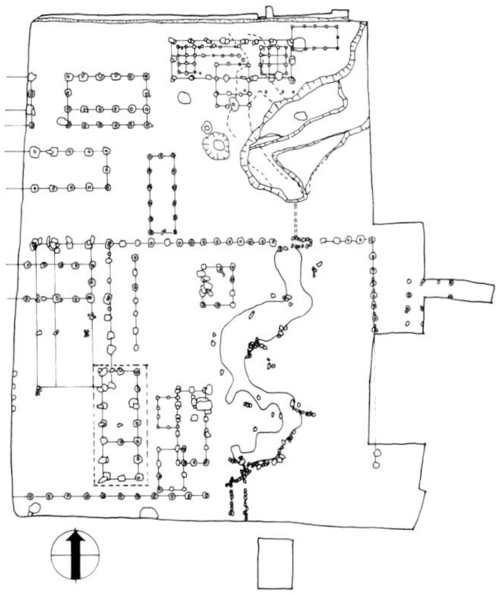

汲取。從過程上來看，主要是對隋唐時期的全面學習（尤其在思想和文化上）、宋元時期的技巧學習（主要在畫論方面）和明代遺臣朱舜水渡日講學的進一步傳播。所以神契難分。

對應于日本的造園，這種影響主要表現在奈良及平安時代的貴族宅邸園、鎌倉及室町時代的寺院枯山水和江户時代的文人庭方面。

·飛鳥時代以後，唐文化大規模輸入日本，也帶來取法中國文化及私家園林意匠的貴族宅邸園

根據《日本書紀》記載，儒家典籍于應神天皇十六年（公元二八五年）由朝鮮百濟傳入。繼體帝十年（公元五二二年，梁武帝普通三年），南梁人司馬達等到日本，在大和高市坂結庵奉佛，是佛教傳入日本之始。以後欽明帝十三年（公元五五二年，梁元帝承聖元年），從百濟傳入釋迦金銅像和經論若干卷。交通隋唐後，佛教大盛。在社會政治生活方面，儒教起支配作用。同時，日本統治階級還受到漢讖緯神學和陰陽五行的思想的影響，喜歡祥瑞。如奈良時代日本天皇的年號多半是：白雉、白鳳、朱鳥、大寶、慶雲、神龜等，具祥瑞色彩。可見，這種文化的吸收是全面而完整的。奈良仿長安，定坊制建宮室營大佛寺，便是全面吸收和模仿。

隋唐之際，日本在推古女皇二十年（公元六一二年），蘇我馬子從朝鮮學到中國造園法，在日本建成第一所宅邸園，『家于飛鳥河之傍，乃庭中開小池，仍興小島于池中，故時人曰島大臣』〔八四〕。這是將中國兩漢以來海上神山的池中築島進行的移植。

而在奈良朝的平城京和平安朝的平安京，貴族宅邸園不僅和唐代長安、洛陽城私家園林一樣繁盛，而在手法上，與唐代的私家園林也有相仿之處。

如，以景為單位經營園林，是唐代私家園林的一大特色。唐代王維的輞川別業便是典型。而奈良朝長屋王宅邸園，則對應有『西園開曲席，東閣引珪璋。水庭游鱗戲，岩前菊氣芳』〔八五〕這樣的描述，分別以西園、東閣、水上、岩前布置活動和進行設置。

又如，有意識地納景，亦唐代文人園重要手法。白居易『廬山草堂』，乃『流水周于舍下，飛泉落于檐間』〔八六〕。而貴族石上宅嗣的宅邸園，亦『構微岫于庭際，引細流于堂垂』（《小山賦》）〔八七〕，如出一轍。

除文獻外，公元一九七五年對日本平城京左京三條二坊六坪的宅邸園遺址的發掘〔八八〕，亦證實在造園意匠和借景等手法方面，幾近唐園林翻版。該遺址位于平城宮

圖二九　蘇軾枯木怪石圖卷　北宋

之南、朱雀大街之東，即于左京三條二坊第六坪（圖二七）。從挖掘的瓦當和木簡可知，和平城宮的相同，該是一貴族宅邸。園林以石敷園池為中心，有曲水宴的可能〔八九〕，周以建築、牆、井、溝等（圖二八），尤其西側有一東西向六間、南北向二間的面水建築，這種布局和唐大明宮飲宴群臣、觀看雜技舞樂的麟德殿及與太液池的關係，异曲同工。此外，該面水建築，除可觀水景、水宴外，還可借景其東的春日山和御蓋山。這如同柳宗元的柳州東亭乃借景造園的佳例。再者，該園池利用園北端的自然水源（用五米木樋暗渠導水）、用堆積大石塊渚池岸的處理手法等，都是遵循中國唐代私家園林求天然野趣之風格的。

平安後期，藤原氏一族擅權，其宅邸園的寢殿建築與庭園孕育成熟。由橘俊綱所著的造園秘書《作庭記》，記述的便是這一時期以寢殿造庭園為基礎和背景的造園技術。日本學者田中淡指出，『可由其中發現方位禁忌或樹立巨石等作法，皆強烈受到中國園林的影響』〔九〇〕。也可見取自讖緯神學和陰陽五行『樹事』的作法。

應該說，飛鳥時代後的奈良和平安朝的貴族宅邸園，對中國文化的吸收是全方位的。既有來自漢唐宮苑的池中築島和宮殿布局手法，也有取道于讖緯神學和方術的，更有模仿唐代私家園林或直接從文人詩文中取意的。取法于意匠為其突出特點。這一如日本最有名的長篇小說《源氏物語》便是得白居易《長恨歌》意匠而產生的。

·鐮倉和室町時代，宋代禪宗和宋元繪畫的傳入對寺院枯山水庭園的影響

平安中期，遣唐使中止，日本一時喪失了對外來文化的汲取。同時，又由于當時宮廷和上層貴族的享樂主義、民間淨土教流行等原因，日本文化和藝術明顯轉向所謂國風化。

當日本延喜至天歷（公元九〇一至九五六年）之間，又有中國船舶來往。時至鐮倉時代，國家佛教（北嶺佛教）和貴族佛教喪失了統治地位，否定煩瑣、注重內心信仰的傾向出現，禪喚起民衆的興趣。榮西于仁安三年（公元一一六八年，宋乾道四年）、文治三年（公元一一八七年，宋淳熙十四年）兩次游宋，研究禪宗。榮西回國後和道元積極宣傳中國禪宗，形成日本禪宗流派。是時，中國宋代繪畫又復輸入日本。其後宋元繪畫對日本水墨畫及鐮倉、室町時代枯山水的形成均產生了重要作用。

水墨畫與禪宗有極密切的關係，日本水墨畫初期的畫家多是禪僧，主張『不立文字，教外別傳；直指人心，見性成佛』。這種禪宗特有的此岸性在日本顯得尤為突出并深入人心。即將『空無』的『形而上』概念轉換為主體內心自我實現的一種自律、一種『形而下』

圖三〇　日本京都龍安寺石庭

的心理體驗和一種思維方式。在繪畫上也發展出新作風，産生了逸筆草草、不拘形似、以古淡為貴、不設艷麗色彩的水墨畫。

一般僧人特別喜歡蘇軾。當時，杭州法惠院僧人法言，在居室東軒院内汲水為池，壘石為小山，并灑粉于峰巒之上以象飛雪，蘇軾為之取名『雪齋』、『雪山』、『雪峰』〔九一〕，是我們所知道的枯山水的濫觴。蘇軾《枯木怪石圖》（圖二九）『所作枯木，枝幹虬屈無端倪，如其胸中盤鬱也』〔九二〕，更是將胸中塊壘直抒筆端的抽象表現。還有『一副米家山，純以墨為戲。少許勝多許，罕識畫禪意』〔九三〕。這些水墨畫均可在日本枯山水中尋覓到踪迹〔九四〕。

中國南宋的私家園林對日本枯山水庭園影響至深的，乃同出一宗地受到畫論及水墨畫影響而對『石』之抽象表現。賞石之風盛行。吴興園林就有竪石、立石、壘石、錯石、盆石、石谷等做法，而日本枯山水即用『石』作為表現山水的最重要要素。難怪鐮倉時代日本曾稱枯山水為唐（中國）山水。

目前在日本可以見到的最早枯山水，便是鐮倉時代著名的造園大師夢窗國師在西芳寺庭園上部的山坡上布置的。石組表現了水經過的痕迹和枯瀑，石峰巍峨而參差錯落，但却在抽象中，無水見流動，平淡顯氣勢。京都大仙院庭園則在一狹小的曲尺形空間内，用石寫出傾瀉的飛瀑、絶壁下的溪谷、架空的橋梁、往來的船只，却没有真正的一草一木一滴水。另一極致枯山水是京都龍安寺石庭（圖三〇），五組石頭均很矮，却走勢分明，它們和白砂帚紋一起，構成海洋的遼闊。這種大膽將宏偉景觀進行抽象的枯山水，乃夢窗國師在《夢中回答》中强調的：『山水無得失，得失在人心；諸法本無大小相，大小在人情』〔九五〕。

・朱舜水于江户建後樂園

江户時代對日本學風及文人庭有重大貢獻的是中國餘姚人氏朱舜水（圖三一）。舜水名之瑜，是明朝遺民。明亡後，清順治十六年（公元一六五九年）亡命日本。初在長崎講學，築後柳川儒臣安東守約等奉以為師。後水户藩主德川光國聘其移居江户（東京），待以賓師之禮。舜水并授生徒，講解中國學術。他的學説，重節義、明廉耻，欲合日本神道與儒學為一。他的弟子後發展成為水户學派〔九六〕，影響于日本俗士習者至大，從而使儒學不僅是少數貴族官僚的學術，也不僅為僧寺副業，而成為武士商民的普通陶冶了。

舜水不僅為學術大師，同時嫻習藝事。他允日本門人之請，將中國的工程設計、農藝

圖三一　朱舜水像

知識、衣冠制裁以及書版柬式分別繪圖製型，度量分寸縝密無間地向他們傳授。并為德川光國仿中國湖山景色，設計了建在江户的後樂園。從而于日本江户時代興起文人庭。

舜水是浙江人，寄籍松江，為松江府儒學生。李大釗《朱舜水之海天鴻爪》曰『先生嘗謂學者有二派，即賢士與學士。博學多識，謂之學士；節義識見，謂之賢士。先生殆以賢士自況』。又曰舜水：『作文古雅，逸宕成章』。可知舜水是典型江南文人。江南私家園林之品性當浸潤其身，有文人淡泊之態。東京後樂園，仍存朱氏遺規，如圓月橋、西湖、園竹等，是為明證。加之後樂園地處江户，無高岳激流，庭園平坦廣闊，却添茶道點綴，乃更具文人氣。隨後日本文人庭命名以及建築物題額，都用漢字，表達風雅根源。與此同時，中國明代士大夫所愛好的煎茶法〔九七〕在日本時興起來，其製法和點茶程序，與古代團茶〔九八〕和中世抹茶〔九九〕比較，頗為簡單易行，并賦文人風流情趣，成為日本文人庭的重要內容。

此外，明末計成根據實際經驗寫成的《園冶》一書，于崇禎七年（公元一六三四年）付印後，流入日本，被稱為《奪天工》。康熙時我國所印套色版《芥子園畫傳》亦為日本所翻刻。這都推動了日本造園的發展。

要之，日本造園對中國的吸收亦如同日本造字。《萬葉集》是日本最古的和歌總集，由大伴家持編訂，成書于八世紀中葉，當時係用整個漢字作注音符號，所謂萬葉假名者也。以後纔進而成為片假名與平假名。相傳寫定片假名的是吉備真備，創製平假名的是空海法師（弘法大師），兩人都曾是留學唐朝的人。他們造字還是采用中國會意、形聲、假借等六書造法，是對中國漢字本質的吸收後而進行的創造。日本造園也經過了從模仿到創造獨立風格的過程。并且，這種學習和汲取是從『形而上』到『形而下』的，從而能直面人生，以極端的感情力表現極端的純粹形式。這種品格在枯山水中最為突出。這也是日本古人從中國私家園林中汲取養分最豐潤之處。

（二）對歐洲法國、英國、德國造園的影響

如果說日本對中國私家園林的吸收，主要是伴隨著宗教和文化傳播而深入的話，那麼，歐洲的汲取則主要取道于商業貿易。從『形而下』的器物開始，却影響隨之而來的歐洲各種文化思潮，如洛可可（Rococo）、啓蒙運動（Enlightenment）和感傷主義（Sentimentalism）。這股如此強大和獨特的旋風，就是中國風（Chinoiserie）。其中，造園

圖三二一　巴黎附近的奔內爾(Bonnelles)中國庭園

的影響又尤為重要，它貫穿始終，始于十七世紀，盛于十八世紀，約十九世紀二三十年代趨于平淡。另一方面，日本和歐洲對中國私家園林的吸收，因其文化背景和接受時間不同，結果亦大相徑庭。

・法國

公元一六九九年十二月底，法國宮廷曾以一種中國式大型節日的慶典形式迎接新世紀的到來，這日後的一百二十年中，中國風以法國為中心，傳遍了歐洲大陸。

中國風在法國的流行，可清楚地劃分為三個階段〔一〇〇〕。

第一，『异國情調風』(Exotic Style)的欣賞時期。十七世紀，有關中國器物裝飾的研究盛行，中心在法國巴黎。當時，法國人從葡萄牙、荷蘭、英國這些出海國的人手上得到來自中國的瓷器、絲綢、漆器、牆紙等，時值巴洛克向洛可可轉向之際，故由于中國裝飾『恰呼應于洛可可傾向』而時髦起來。十七世紀中葉，它們取代了法國人早先對土耳其的嗜好。一時洛陽紙貴，中國進口的東西賣得很快，商人們吆喝：『看哪！中國』(『la China』)。至少在公元一六六八年以前，國王路易十四已得到中國皇帝贈送的中國畫。公元一六七〇年，路易十四為取悅蒙臺斯班侯爵夫人，在凡爾賽附近仿建了第一座中國式建築『藍白瓷宮』，內部陳設中國家具。洛可可的藝術家們，則從瓷器和絲綢的秀麗色彩和花飾中領悟到某種親和關係，從花瓶和牆紙所畫的無拘無束的人物和場景中感受到一種風俗景象。有關園林意象的獲得，大概就始于這個階段。

第二，『奇特怪誕風』(Grotesque Style)的追求時期。它幾乎和『异國情調風』同時產生，但直到十七世紀最後三年才確立。兩者不同的是，『异國情調風』關注的是樣式，而『奇特怪誕風』則注重誇張，尤其對人物形象。中國人穿著絲綢含蓄而淡雅，尋常的辮子在他們眼中有了不尋常的快樂。當時法國上層已失去嚴肅的生活目標，把中國想像成理想的花園，他們根據自己的意象進行追求和發展，將中國私家園林的建築建在園林中作為點綴和添景物，這種情形延續幾近一百年。馮・埃德伯格(Von Erdberg)的《歐洲庭園中的中國情調》一書的卷末，列舉了建有中國建築的園林，在此將法國的選錄如下〔一〇一〕：

圖三三　巴黎蒙梭（Monceau）公園中國園山石部分遺址

園名	位置	建築物	備注
阿爾門維爾烈	巴黎附近	中國涼亭兩座、中國橋	蕩然無存
阿狄奇	貢比涅附近	中國橋、鴿子棚	法蘭西大革命時庭園與建築均遭破壞
巴加特爾	巴黎	中國橋、園亭及鞦韆	中國建築現已無存
貝爾維爾	巴黎	中國式臺球室	現已不存
貝茲	巴黎附近	亭、中國橋	亭與橋均毀于法國革命
奔內爾	巴黎附近	中國園亭	園亭已毀
卡農	諾曼底	中國亭	現存
香特羅普	阿波阿茲附近	塔	現存
尚蒂伊	巴黎北面	亭	毀于革命時期
康默希	洛林	亭	現不存
蒙維爾	巴黎附近	中國房屋、庭門	庭園與建築物現都存在
福蘭孔維爾-拉-加倫尼	蒙莫蘭治山谷	亭	現已不存
赫爾米塔吉	貢德附近	亭	現已不存
梅勒維爾	巴黎南部	中國橋	建于革命前
伊希	巴黎附近	中國鳥舍	現已不存
琉尼維爾	洛林	亭、土耳其建築魯多勒福爾、中國建築	兩者均被拆毀
蒙梭	巴黎	旋轉木馬、中國橋	中國建築均不存
蒙佩利亞爾	蒙佩利亞爾附近	塔、中國廟宇、中國旋轉橋、鳥舍	中國建築均已不存
拉·佛利·聖詹姆斯	巴黎的努伊	下建有冷凍倉的中國涼亭、中國水上涼亭、中國橋、中國渡船、中國花瓶	今天庭園已成為波阿德·布羅尼的一部分，建築物已拆毀
蒙特莫倫希	巴黎的布魯維爾·蒙馬魯特爾	中國圓亭	圓亭于十九世紀初被毀
魯多特·奇諾斯	巴黎	旋轉馬、鞦韆	均已不存
朗布伊埃	巴黎西南	涼亭、柵欄	圓亭已毀
羅梅維爾	巴黎東部	中國涼亭	現已毀
桑特尼	巴黎東南	中國浴場的涼亭	現已毀
佩提特·特雷農	凡爾賽宮內	旋轉木馬	此設施現已毀

圖三四　馬泰奧・里帕（Matteo Ripa）繪避暑山莊銅版畫

這些建築單體是他們想像發揮的產物，有些形象誇張、怪异。不過，應該看到，這是由于從器物開始而引發『中國熱』到園林建築上的必然反映；同時，隨著啓蒙運動的開展、對自然的重視，他們將園林建築作為觀賞自然的重要場所，而非于宮殿中（圖三二，三三）；另外，他們耳濡目染的中國園林大多是晚期的作品，建築甚多。從而將建築單體作為中國園林的代表建于園中，成為當時的特色。

第三，『模仿風』(Imitative Style) 時期。十八世紀後期，隨著對中國知識認識的增長、建築師對中國考察的深入、傳教士信件的源源不斷（公元一七四三年法國教士王致誠P.Jean-Denis Attiret就致函巴黎友人，描繪圓明園美妙景物，尤其說到娛樂宅第，『富有魅力』〔一〇二〕），設計者不再沈溺于先前的迷戀，而對真實性有了要求。此時，模仿的不僅是裝飾，而且包括建築結構和裝修、道路等。這股風是從英國颳過來的。在法國大革命後對中國興趣趨淡後，又有一次回光返照的瞬間輝煌，一些規模較大的法國風景式園林均誕生于此時。但是，『法國風景式庭園既不像英國風景式庭園那樣表現出對大自然的熱愛和高雅情趣，也缺乏像德國風景式庭園那樣對大自然的深刻觀察和理解，它祇不過是一種徒勞無益地效法中國的光怪陸離的東西而已。歸根到底，它表明了法國國民性的一個方面，是追求無窮變幻的貴族趣味的產物』〔一〇三〕。最終，這種用表現英國田園趣味和中國趣味的建築裝飾起來的感傷主義園林，墮入了矯揉造作的泥潭。

・英國

在十八世紀中葉法國受中國風影響日深之時，英國是歐洲暫時最少受『中國熱』衝擊的國家。但在對中國風進行全面模仿的轉向過程中，英國首當其衝，而且在受中國園林的影響而形成英國風景式園林并波及歐洲大陸時，英國無疑發揮著最重要的作用。

若論及中國私家園林對英國的影響，有三個重要人物。

最早把中國庭園介紹到英國的人是威廉・坦普爾（William Temple），他于公元一六八五年在《伊壁鳩魯的庭園》(Upon the Garden of the Epicurus) 中，比較評論了歐洲的規則式庭園和中國自由式庭園。當時，英國的文學家和畫家們正為歐洲倡導全新的風景式園林，該書使人們對中國庭園有了最初的認識。但其時沒有人打算模仿中國園林。

第二個重點乃圍繞畫家及建築師威廉・肯特（William Kent）展開。肯特是一位英國上流社會的藝術家，在意大利工作、生活和繪畫了九年，他的資助者是柏林頓爵士（Lord Burlington)。柏林頓又從意大利傳教士馬泰奧・里帕（Matteo Ripa）那里得到和收藏避

圖三五　錢伯斯(Chambers)測繪的廣州宅園

暑山莊三十六景的風景銅版畫畫册（圖三四）〔一〇四〕。當時柏林頓集團是宣傳自然式園林的中心，肯特是英國風景式園林的最重要的開創者之一，這本畫册通過他們無疑推動了中國園林對英國風景式造園的影響。『英國，或者更確切地説是歐洲的風景式園林的時代就這樣開始了』〔一〇五〕。肯特的繼承人是他的高級花匠蘭斯洛特·布朗（Lancelot Brown）。布朗無論在什麼地方，都能根據主人的要求有所作為，從而博得『能人布朗』（Capability Brown）的稱號。據説他設計或改造了一百五十多個大型自然式園林，他也成為建造英國理想化的自然風景式園林的代表。

第三位人物就是和布朗競爭激烈的錢伯斯（William Chambers）。儘管兩人均受中國園林的影響，但布朗是對理想化的自然風景的追求，這多少和熱河避暑山莊在大範圍的山水環境中創建秀麗景色甚至是集仿江南景色有關；而錢伯斯則更多地代表人造風景，確切地説是嶺南庭園。錢伯斯曾在中國的瑞典東印度公司任職，描繪過中國的建築和服飾，還兩度在廣州考察園林、測繪園林建築和民宅（圖三五）。他繼公元一七五七年出版了《中國的建築、家具、服裝、機械、器具的設計》（Design of Chinese Buildings，Furniture，Dresses，Machines and Utensils）之後，又于公元一七七二年發表名著《東方園林論》（Dissertation on Oriental Gardening）。他感嘆當時英國處于布朗全盛期的造園，空洞無物。他自己從公元一七五八到公元一七五九年，擔任邱園（Kew Garden）的建築官員，在園中建了許多中國式建築，其中以中國式塔最為有名。

錢伯斯的觀點、著作和作品問世之際，正是英國贊美原野、抨擊規整園林造型之時。可以想像，錢伯斯主要學習的對象是嶺南庭園，這樣的結果，不久就導致沸沸揚揚的反對之聲。其中，詩人和文學家與錢伯斯的書信針鋒相對最為突出。出人意料的是，它後來導致了對模仿自然持不同態度的布朗派（Brownist）和繪畫派（Picturesque School）之間的一場論戰。這使得人們采取認真的態度來對待造園，結果確實使英國的風景式造園獲得長足的進步，產生了一種新式的英國風景式園林，這就是被歐洲大陸稱道的『英華園庭』（Jardin Anglo-Chinois）。十八世紀末到十九世紀初，這種『英華園庭』輾轉傳入了歐洲大陸，第一個張開雙臂迎接它的是法國，并給法國衰弱的中國風注入了一針強心劑。前所述法國的模仿風所產生的『田園趣味』、『中國趣味』裝飾起來的感傷主義庭園，便是『英華園庭』在法國的注脚。

圖三六　德國波茨坦無憂宮（Sans Sous）中國式茶亭

·德國

德國步英國之後塵，而且在風景園林方面的著述和翻譯不亞于法國。錢伯斯的影響很大，公元一七六三年德國的腓特烈二世在波茨坦的無憂宮（Sans Sous）按錢伯斯著書上的圖，建了一座橋和中國式茶亭（圖三六、三七）。

『英華園庭』也經過法國傳到了德國。一個重要的設計者是斯克勒（F.W.von Sckell）。斯克勒家族以造園為業，他二十多歲開始學習法國式園林及建築，二十三歲在法國一邊學習一邊工作，同年被派往英國學習風景式園林。在那裏，他結識了布朗和錢伯斯，還參觀了邱園，這使他的造園觀念發生了劇變。公元一七七七年，他從英國回來，融入了『感傷主義』潮流之中。從公元一七八〇年到十八世紀末，他設計督造了許多園林，開始了德國風景式造園的真正時代。

德國是一善思的國家，風景式造園與當時文藝思潮不可分割，詩人和哲學家都是倡導者。哲學家康德便是一位關注風景式園林發展的人，在他的力作《判斷力的批判》（Kritik oler Urteilskraft，公元一七九〇年）的『藝術的分類』中，將造園術認為是『自然產物的美的集合』。詩聖歌德還是一位實際的造園家。他不僅設計了魏瑪林苑，後來還將風景式園林的描寫和感傷主義表現在小說《親和力》（Die Affinität）中。尤其在書的第一部，男女主人公纏綿的情懷總是伴隨著莊園的涼亭、古堡而展開〔一〇六〕。但在德國藝術中，有一種將風格發揮至極致的傳統，且深沈的思想常使得他們捨弃無智性的東西。因此，當浪漫主義者意識到模仿成為創造的桎梏時，『英華園庭』隨之就消失了。就歌德而言，他在建造魏瑪林苑時，是模仿沃利茲的〔一〇七〕，但歌德後來克服和否定了感傷主義，也失去了對『英華園庭』的酷愛之心。

風景式園林又由德國傳入匈牙利、俄國、瑞典等國，一直延續到十九世紀三十年代。

中國園林，尤其私家園林的精髓是意境。而傳入到歐洲時，洛可可是一把尺子，中國所提供的祇是在這把尺子下剪裁出來的裝飾。在後來的傳播中，也是在歐洲文化為中心的前提下。因此，這種沒有真正中國文化理解和鋪墊的汲取，必然不可能有長遠的留存。但應該看到，貫穿其中的影響是深遠的。除上述外，就植物一項而言，在十八世紀到十九世紀間，便有大量取自中國植物的種子播種在英國邱園、法國大型園林和植物園中。它們以沈默的身姿，傳遞著幾百年來東西方園林交流的不息芬芳。

目前，中國的私家園林正走向世界。繼公元一九八三年美國紐約大都會博物館仿蘇州網師園殿春簃建中國庭園『明軒』後，以蘇州為代表的私家園林，已陸續在十幾個國家和

圖三七　無憂宮(Sans Sous)
中國式茶亭中國人物形象

地區落户。如公元一九八三年在德國慕尼黑建成『芳華園』、公元一九八六年在加拿大迎來温哥華市惟一户外蘇州園林的開放等。東風再度西漸，中國私家園林將隨著中國文化在世界上的廣泛和深入傳播，愈顯其神采和價值。

注釋

〔一〕《辭海》一七三九頁『私家』條目，上海辭書出版社，一九七九年。

〔二〕《詩經》中《小雅·南有嘉魚、南山有臺、蓼蕭、湛露、信南山、甫田、頍弁、采菽》描繪貴族宴飲、祭祀、勸農祈福等活動均和園圃有關。

〔三〕《左傳·昭公二年》

〔四〕《左傳·襄公四年》

〔五〕《楚辭·九歌·湘夫人》

〔六〕《全漢文》卷四二

〔七〕桓寬《鹽鐵論·散不足》

〔八〕《三輔黃圖》卷四

〔九〕《漢書·成帝紀》

〔一〇〕《後漢書》列傳二四·梁冀傳

〔一一〕左思《招隱》

〔一二〕陶潛《歸去來兮辭》并序

〔一三〕《晉書·謝安傳》

〔一四〕王羲之《蘭亭集序》

〔一五〕《全漢三國晉南北朝詩·全晉詩》

〔一六〕《晉書·郭文傳》

〔一七〕《晉書·王導傳》

〔一八〕庾信《小園賦》

〔一九〕《洛陽伽藍記》卷第二

〔二〇〕《晉書·會稽文孝王道子傳》

〔二一〕《吳郡志》卷十四

〔二二〕謝朓《郡內高齋閑坐答呂法曹》

〔二三〕綠珠為妓人，美而工笛，石崇為其建綠珠樓。時，孫秀為求得綠珠與石崇動怒，并詔崇。崇謂綠珠曰『我今為爾得罪』，綠珠泣曰『當效死于官前』。因自投于樓下而死。參見《晉書·石崇傳》。

〔二四〕《新唐書·王維傳》

〔二五〕《白居易集·草堂記》

〔二六〕《古文觀止》卷之九《愚溪詩序》（注：愚溪：在唐代永州灌陽境內灌水的南面，即今廣西灌陽的灌江南，原名『冉溪』、『染溪』，作者改稱之『愚溪』。倪其心、費振剛等選注，《中國古代游記選》，中國旅游出版社，一九八五年。）

〔二七〕白居易《奉和裴令公新成午橋莊、綠野堂即事》

〔二八〕白居易《與元稹書》

〔二九〕康駢《劇談錄》

〔三〇〕《白居易集》卷下

〔三一〕鹿柴，即柵欄。是王維輞川別業二十處勝境中的一處。

〔三二〕文中『其一』、『其二』、『其三』中引文均見李格非《洛陽名園記》。

〔三三〕《三朝北盟會編》卷三十一引《靖康遺錄》及《秀水閑居錄》

〔三四〕董其昌《歷代題畫詩類》卷六

〔三五〕《癸辛雜識》前集·假山

〔三六〕周密《吳興園林記》

〔三七〕《武林舊事·湖山勝概》

〔三八〕《齊東野語》

〔三九〕岳珂《寶晉英光集》序

〔四〇〕《南村輟耕錄》卷二八『丘機山條』

〔四一〕《天府廣記》卷三

〔四二〕童寯《江南園林志》

〔四三〕太傅園，地近聚寶門，原為洪武間賜地。園屬魏國莊靖公徐俌，後歸襲封魏國公徐鵬舉。徐天賜時從徐鵬舉手中奪得此園，改名東園。最後又歸徐天賜之子徐纘勛所有。參見《弇州山人續稿》中《游金陵諸園記》。

〔四四〕《閑居賦》『庶浮雲之志，築室種樹，逍遥自得；池沼足以漁釣；舂稅足以代耕；灌園鬻蔬，以供朝夕之膳；牧羊酤酪，以俟伏臘之費。孝乎惟孝，友于兄弟，此亦拙者為之政也。』

〔四五〕計成《園冶》卷三

〔四六〕王世貞《弇州山人續稿》卷五十九

〔四七〕《袁中郎先生全集》卷十四

〔四八〕參見李格飛《洛陽名園記》

〔四九〕陶宗儀《曹氏園池行》：『浙右園池不多數，曹氏經營最古。我昔避兵貞溪頭，杖履尋常造園所。……』

周暉《金陵瑣事》：『姚元白造市隱園，請教于顧東橋。』

計成《園冶》中鄭元勛題詞：『古人百藝，皆傳之于書，獨無傳造園者何？』

李漁《閑情偶寄》：『朱明末造，計成氏有《園冶》之作，于是江浙居民藝術上之結構，乃有所考，然疊石造園，多屬薦紳頤養之用。』

李斗《揚州畫舫錄》：『影園在湖中，園為超宗所建，……公童時夢至一處，見造園……』

錢泳《履園叢話》：『造園如作詩文，必使曲折有法，前後呼應，最忌錯雜，方稱佳構。』

〔五〇〕《帝京景物略》劉侗撰序

〔五一〕劉侗、于奕正《帝京景物略》卷之五，西城外・海澱，記載福清葉公臺山，過海澱曰

〔五二〕《清史稿》卷二百十九

〔五三〕麟慶《鴻雪因緣圖記》（第三集）

〔五四〕據《鴻雪因緣圖記》、《天咫偶聞》、《燕都名園錄》等書記載

〔五五〕李漁《閑情偶寄》居室部・山石第五

〔五六〕王思任題勺園詩，轉引自吳長元《宸垣識略》，北京古籍出版社，一九八三年。

〔五七〕《帝京景物略》，北京古籍出版社，一九八〇年。

〔五八〕《帝京景物略》，福清葉向高『過米仲詔勺園』詩，北京古籍出版社，一九八〇年。

〔五九〕查嗣瑮雜咏詩，轉引自吳長元《宸垣識略》，北京古籍出版社，一九八三年。

〔六〇〕顧祖禹《讀史方輿紀要》序

〔六一〕《楚辭・漁父》歌曰

〔六二〕北宋中葉詩人蘇舜欽（字子美），購得此園，于其中建滄浪亭，歐陽修贈以詩，有『清風明月本無價，可惜衹賣四萬錢』之句。園子建成一百年後，皇族將它賣給了一位文人，文人在亭子上寫此聯。

〔六三〕《梁溪詩鈔》五八卷

〔六四〕《錫山秦氏宗譜》

〔六五〕《寄暢園詩文錄》序

〔六六〕朱偰《金陵古迹圖考》，商務印書館發行

〔六七〕袁枚《隨園記》

〔六八〕引自麟慶《鴻雪因緣圖記》（第一集）

〔六九〕陸以湉《冷廬雜識》卷七

〔七〇〕阮元天一閣書目序

〔七一〕光緒十九年歲次癸巳秋八月二品頂戴分巡寧紹臺道吳引孫撰書楹聯于天一閣。

〔七二〕清光緒《江都縣續志》

〔七三〕李斗《揚州畫舫錄》卷二

〔七四〕《荔浦縣志》卷二一，兵事

〔七五〕龍啓瑞《紀事詩》

〔七六〕鄭獻甫《九日飲冒氏宅即東莞張氏園》詩

〔七七〕《歙事閑譚》

〔七八〕『莘野家風』所引均出自《摹勒耒崙公墨迹記》

〔七九〕王羲之《蘭亭集序》

〔八〇〕石國柱《歙縣志》卷一，輿地志，古迹

〔八一〕『綠竹山房』所引均出自《綠竹山房記》，嘉慶二十年乙亥蘭坡玠撰。

〔八二〕南園所引均見李斗《揚州畫舫錄》卷七。

〔八三〕王闓運《圓明園宮詞》

〔八四〕《日本書紀》推古天皇三十四年（公元六二六年）五月條。又，據菊池東匀所作的《園池秘抄引》：『如其謂以山為君，以水為臣，以石為輔佐，山無石則水所衝激，君無輔佐則為臣所侮慢，君得輔佐以保天位者也，故築山水者，必先立石為務者，亦是有味之言也』。所謂『島大臣』，即山池也。參照張十慶《『作庭記』譯注與研究》九頁、十二頁加注。

〔八五〕《晚秋于長屋王宴》，轉引自張十慶《『作庭記』譯注與研究》十二頁。

〔八六〕白居易《與元稹書》

〔八七〕轉引自張十慶《『作庭記』譯注與研究》十二頁。

〔八八〕以下所及挖掘材料，均出自奈良市教育委員會文化財課編集、發行的《特別史迹・特別名勝・平城京左京三條二坊宮迹庭園》。

〔八九〕遺址挖掘展現園池用玉石敷，幅十五米，總長五十五米，屈曲呈S狀。池石、景石、岩島及水際變化等，此和《萬葉集》所歌咏的曲水宴樣式接近，該池可認為是宴游設施。推測出處同上。

〔九〇〕田中淡，中國早期園林風格與江南園林實例，《城市與設計學報》，第一期，公元一九九七年六月（黃藍翔譯）。

〔九一〕秦觀《雪齋記》、蘇軾《雪齋・杭州僧法言作雪山于齋中》

〔九二〕鄧椿《畫繼》

〔九三〕鄧椿《畫繼》

〔九四〕『宋、明兩代山水畫家作品被摹成日本水墨畫，用作造庭底稿，通過石組手法，布置茶庭、枯山水』。童寯，中國園林對東西方的影響，《建築師》十六期。

〔九五〕轉引自小形研三、高原榮重，《園林設計—造園意匠論》，中國建築工業出版社，公元一九八四年（索靖之　任震方　王恩慶譯），二十九頁。

〔九六〕『當德川光國創設彰考館編纂《大日本史》時，特敦請他參加工作，該館首任總裁，即舜水的學生安積覺。《大日本史》的編成，以《大日本史》為中心而發展起來的『水户學』（天寶學），都深受舜水學說的影響』。上海文獻叢書編輯委員會，《朱氏舜

水談綺》前言二頁，華東師範大學出版社，公元一九八八年。

〔九七〕 煎茶法，是將蒸干的茶葉衝以沸水，煎而後飲其葉，流行于江户時代。參見：魏常海，《日本文化概論》第五章，日本之『道』．四．茶道。

〔九八〕 奈良和平安時代流行唐代淹茶（團茶）法，將乾茶葉搗成粉末，加水凝結成團，再乾燥後儲存起來，需要時煮淹溶解，加甘葛、生姜等調料，即可飲用。參見同上。

〔九九〕 鎌倉初期，宋代碾茶（抹茶）法由禪僧榮西傳入，流行于寺院僧侶之間。此法是以茶臼將精緻的茶葉碾成粉末，取二、三匙放進茶碗裏，加開水衝泡，以小圓竹刷攪動後連茶粉末一起飲用。參見同注〔九七〕。

〔一〇〇〕 此提法及下所及部份內容摘譯自Eleanor Von Erdberg,CHINESE INFLUENCE ON EUROPEAN GARDEN STRUCTURE, Harvard University Press 1936:Charter 1. Style of Chinoiserie。

〔一〇一〕 （日）針之谷鍾吉 著，鄒洪燦 譯，《西方造園變遷史》，中國建築工業出版社，公元一九九一年。

〔一〇二〕 王致誠的信：『至于說到娛樂宅院，這些宅院的確富有魅力。它們坐落在一片很大的基地上，裏面堆起了小山。有二十英尺到六十英尺高；在這些小山之間形成了許多山谷，谷底流淌著清澈的溪水，涓涓不息，直到匯聚在一起形成大片的水面與湖泊。在每一個這樣的溪谷中，在臨水的岸邊都建有宅院。宅院中那些不同的庭園，開敞或封閉的柱廊，花壇，花園以及瀑布的布局都很巧妙，當人們把這些景物一起來加以欣賞的時候，視覺上確能引起令人贊賞的效果……』。引自Geoffrey and Susan Jellicoe著，劉濱誼等譯，《圖解人類景觀》，田園城市文化事業有限公司，公元一九九六年。

〔一〇三〕 （日）針之谷鍾吉著，鄒洪燦 譯，《西方造園變遷史》，中國建築工業出版社，公元一九九一年。

〔一〇四〕 三十六景圖原作是沈源畫的。里帕（陳志華先生用其中文名馬國賢）公元一七〇八年經倫敦赴中國，公元一七一一年到康熙皇帝的朝廷後，奉命繪『有中國房舍的山水畫』，後又奉命為山水畫雕版。熱河工作經幾個夏天才完成雕板，康熙下諭旨印刷若干份賜皇族。在英國的這本畫册是用紅色摩洛哥皮革裝訂的，裏面有柏林頓爵士住宅藏書的印記，後來保存在大英博物館。參見：竇武，《中國造園藝術在歐洲的影響》史料拾遺，《建築師》三十九期；（德）瑪麗安娜·鮑榭蒂，聞曉萌、廉悅東 譯，《中國園林》，中國建築工業出版社，公元一九九六年。

〔一〇五〕 （德）瑪麗安娜·鮑榭蒂，聞曉萌、廉悅東 譯，《中國園林》，中國建築工業出版社，公元一九九六年。

〔一〇六〕 參見：W.V.歌德 著，謝百魁 譯，《親和力》，湖南人民出版社，公元一九八七年。

〔一〇七〕 沃利茲，德紹（Dessau）的領主弗蘭西斯公爵從公元一七六九年到一七七三年間建設的避暑府邸。庭園由公爵的私人造園家休荷、紐馬克等按照英國式建造。庭園分五個部分。第一部分稱『極樂淨土』，該是受東方的影響。整個庭園充滿感傷情調，有寺廟和洞室等。參見：（日）針之谷鍾吉 著，鄒洪燦 譯，《西方造園變遷史》，中國建築工業出版社，公元一九九一年。

插圖來源索引

圖一　兩城鎮仙人・水榭人物畫像　東漢
（常任俠，中國美術全集・繪畫編18・畫像石畫像磚，上海人民美術出版社，1988.）

圖二　宴亨畫像　東漢
（常任俠，中國美術全集・繪畫編18・畫像石畫像磚，上海人民美術出版社，1988.）

圖三　蘭亭修禊圖　明永樂
（紹興市文物管理處，蘭亭，浙江人民美術出版社，1998.）

圖四　輞川別業示意圖
（圖原刊于關中勝迹圖志，現錄于張浪，圖解中國園林建築藝術，安徽科學技術出版社，1986.）

圖五　端花盆伺女圖　唐
（張鴻修，唐墓壁畫集錦，陝西人民美術出版社，1991.）

圖六　趙佶繪祥龍石圖　卷（部分）　北宋
（此圖原為《宣和睿覽集》冊中之一，現錄于傅熹年，中國美術全集・繪畫編3・兩宋繪畫（上），文物出版社，1988.）

圖七　米芾（雲章）雲山圖　北宋
（中村不折君藏，日本東京美術學校文庫內，唐宋元明名畫大觀）

圖八　倪雲林繪獅子林圖　明洪武
（劉敦楨，蘇州古典園林，中國建築工業出版社，1979.）

圖九　櫻桃夢插圖　明萬曆
（王伯敏，中國美術全集・繪畫編20・版畫，上海人民美術出版社，1988.）

圖一〇　文徵明繪拙政園園景小飛虹　明
（潘谷西，中國美術全集・建築藝術編3・園林建築，中國建築工業出版社，1988.）

圖一一　海寧安瀾園圖　清
（南巡盛典卷一百五，名勝圖）

圖一二　王蒙繪泉聲松韵圖　元
（山本悌二郎君藏，日本東京美術學校文庫內，唐宋元明名畫大觀）

圖一三　北京可園鳥瞰圖
（草圖由程里堯先生提供，陳薇繪製）

圖一四　弓弦胡同半畝營園

（長白麟慶見亭氏著，鴻雪因緣圖記十五，道光丁未秋七月重雕于揚州版）

圖一五　米萬鍾繪勺園修禊圖　明萬曆
（陳良文、魏開肇、李學文，北京名園趣談，中國建築工業出版社，1983.）

圖一六　《滄浪亭新記》所載同治季年葺而復之況
（吳縣蔣吟秋輯，沈載華校，滄浪亭新記，中華民國十八年五月初版）

圖一七　寄暢攀香
（長白麟慶見亭氏著，鴻雪因緣圖記二，道光丁未秋七月重雕于揚州版）

圖一八　隨園訪勝
（長白麟慶見亭氏著，鴻雪因緣圖記四，道光丁未秋七月重雕于揚州版）

圖一九　天一觀書
（長白麟慶見亭氏著，鴻雪因緣圖記三，道光丁未秋七月重雕于揚州版）

圖二〇　廣州富豪大型私園
（Alfred Schinz.THE MAGIC SQUARE.Edition Axel Menges.Stuttgart/London.1996.）

圖二一　東莞可園鳥瞰
（陳薇拍攝）

圖二二　林本源庭園舊迹
（塚本清、伊東忠太、關野貞編，支那建築，下，建築學會，昭和四年-1929.）

圖二三　莘野家風圖
（摹自張香都朱氏續修支譜卷三十六）

圖二四　松竹軒圖
（摹自張香都朱氏續修支譜卷三十六）

圖二五　綠竹山房圖
（摹自張香都朱氏續修支譜卷三十六）

圖二六　南園（九峰園）圖
（李斗，揚州畫舫錄卷七）

圖二七　左京三條二坊六坪宅園位置圖
（奈良市教育委員會文化財課，平城京左京三條二坊宮迹庭園）

圖二八　左京三條二坊六坪宅園遺構配置圖
（平城京左京三條二坊六坪發掘調查概報，1980.）

圖二九　蘇軾枯木怪石圖　卷　北宋

（傅熹年，中國美術全集・繪畫編3・兩宋繪畫，上，文物出版社，1988.）

圖三〇　日本京都龍安寺石庭

（陳薇拍攝）

圖三一　朱舜水像

（明朱之瑜撰，朱氏舜水談綺）

圖三二　巴黎附近的奔內爾（Bonnelles）中國庭園

（Eleanor Von Erdberg, CHINESE INFLUENCE ON EUROPEAN GARDEN STRUCTURES, Hacker Art Books,Inc.,New York, 1985.）

圖三三　巴黎蒙梭（Monceau）公園中國園山石部分遺址

（陳薇拍攝）

圖三四　馬泰奧・里帕（Matteo Ripa）繪避暑山莊銅版畫

（Geoffrey and Susan Jellicoe著，劉濱誼等譯，圖解人類景觀，田園城市文化事業有限公司，1996.）

圖三五　錢伯斯（Chambers）測繪的廣州宅園

（William Chambers, DESIGNS OF CHINESE BUILDINGS, FURNITURE, DRESSES, MACHINES, AND UTENSILS）

圖三六　德國波茨坦無憂宮（Sans Sous）中國式茶亭

（陳薇拍攝）

圖三七　無憂宮（Sans Sous）中國式茶亭中國人物形象

（陳薇拍攝）

主要參考文獻

一 李林甫等撰，唐六典，中華書局（校點本），1992

二 彭定求等編，全唐詩，中華書局（排印本），1960

三 董誥編，全唐文，中華書局（影印本），1983

四 趙殿成箋注，王右丞集箋注，上海古籍出版社（排印本），1984

五 朱金城箋校，白居易集箋校，上海古籍出版社，1988

六 吳文治等校點，柳宗元集，中華書局，1979

七 陳直校証，三輔黄圖，陝西人民出版社，1980

八 朱長文，吳郡圖經續記，江蘇古籍出版社，1986

九 顧祿，清嘉錄，江蘇古籍出版社，1986

一〇 吳長元，宸垣識略，北京古籍出版社，1983

一一 劉侗，帝京景物略，北京古籍出版社，1980

一二 麟慶，鴻雪因緣圖記，道光丁未秋月垂雕于揚州版

一三 李斗，揚州畫舫錄，乾隆乙卯年鐫，自然盦藏板

一四 任常泰、孟亞男，中國園林史，北京燕山出版社，1993

一五 王毅，園林与中國文化，上海人民出版社，1990

一六 余英時，士与中國文化，上海人民出版社，1987

一七 童寯，江南園林志，中國建築工業出版社，1984

一八 童寯，造園史綱，中國建築工業出版社，1983

一九 陳植注釋，園治注釋，中國建築工業出版社，1981

二〇 陳植、張公馳，中國歷代名園記選注，安徽科學技朮出版社，1983

二一 劉敦楨，蘇州古典園林，中國建築工業出版社，1979

二二 潘谷西，中國美朮全集·建築藝術編3·園林建築，中國建築工業出版社，1988

二三 程里堯，中國古建築大系·4·文人園林建築，中國建築工業出版社，1993

二四 周維權，中國古典園林史，清華大學出版社，1990

二五 楊鴻勛，江南園林論，上海人民出版社，1994

二六 吳功正，六朝園林，南京出版社，1992

二七 陳從周，説園，同濟大學出版社，1984

二八　焦雄，北京西郊宅園記，北京燕山出版社，1996
二九　趙興華，北京園林史話，中國林業出版社，1994
三〇　陳良文，魏開肇、李學文，北京名園趣談，中國建築工業出版社，1983
三一　章元鳳，造園八講，中國建築工業出版社，1991
三二　魏嘉瓚，蘇州歷代園林錄，燕山出版社，1992
三三　顧頡剛，蘇州史志筆記，江蘇古籍出版社，1937
三四　邵忠，蘇州園墅勝迹錄，上海交通大學出版社，1992
三五　黃茂如，無錫寄暢園，人民日報出版社，1994
三六　（日）岡大路，常瀛生譯，中國宮苑園林史考，農業出版社，1988
三七　（日）針之谷鍾吉，鄒洪燦譯，西方造園變遷史，中國建築工業出版社，1991
三八　（德）瑪麗安娜·鮑樹蒂，聞曉明、廉悅東譯，中國園林，中國建築工業出版社，1996
三九　Geoffrey and Susan Jellico,劉濱誼等譯，圖解人類景觀，田園城市文化事業有限公司，1996
四〇　Eleanor Von Erdberg,CHINESE INFLUENCE ON EUROPEAN GARDEN STRUCTURES,Hacker Art Books, Inc., New York,1985
四一　R.Stewart Johnston,SCHOLAR GARDEN OF CHINA.Cambridge University Press.1991
四二　期刊：中國園林、園林、建築師、建築史論文集、科技史文集、圓明園、文物、華中建築、南方建築、嶺南古建築、中國古都研究、城市与設計學報、Journal of Garden History （Taylor & Francis Ltd.）
四三　古典文獻及古籍書若干，詳見注釋引徵目錄

圖版

一　恭王府萃錦園東路庭院

二　恭王府萃錦園連廊

三　恭王府萃錦園西路詩畫舫

四　恭王府萃錦園榆關

五　恭王府萃錦園大門

六　恭王府萃錦園流杯亭

七　恭王府萃錦園蝠廳

八　北京可園晨景

九　可園大花廳前的艮岳石

一○　可園後園東廊與廊閣

一一　清華園島嶼

一二　清華園水木清華

一三　清華園舊址之一

一四　劉墉宅園

一五　劉墉宅與園的過渡

一六　網師園網師小築

一七　網師園半亭、射鴨廊及竹外一枝軒

一八　網師園月到風來亭

一九　網師園濯纓水閣

二〇　網師園竹外一枝軒

二一　網師園殿春簃景致

二二　網師園殿春簃庭院

二三　網師園涵碧泉

二四　網師園梯雲室石庭小景之一

二五　網師園梯雲室石庭小景之二

二六　網師園五峰書屋臺階

二八　滄浪亭山景

二九　滄浪亭小徑

二七　滄浪亭園外即景

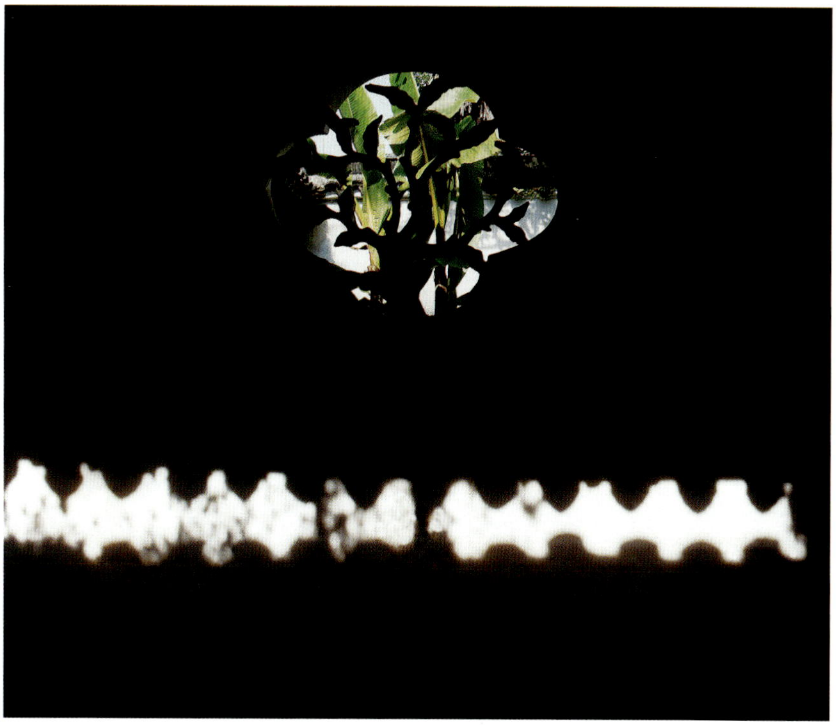

三一　滄浪亭廊下漏窗

三〇　滄浪亭看山樓

三二　拙政園遠香堂一帶（後頁）

三三　拙政園中部水池（前頁）

三四　拙政園松風亭

三五　拙政園釣磐

三七　拙政園見山樓下的蒿草

三八　拙政園折橋

三六　拙政園水廊

四〇　拙政園的枇杷園鋪地

四一　拙政園枇杷園洞門看雪香雲蔚亭

三九　拙政園海棠春塢小院牆廊

四二　留園華步小築

四三　留園西區水面和明瑟樓及涵碧山房

四四　留園曲谿樓和濠濮亭

四五　留園曲谿樓後牆爬藤

四六　留園汲古得綆處山牆

四七　留園水之支流

四八　留園爬山廊

四九　留園林泉耆碩之館圓光罩

五〇　留園冠雲峰

五一　留園自然石桌凳

五三　藝圃響月廊

五五　藝圃香草居

五六　藝圃博雅堂庭院

五二　藝圃池南假山（前頁）

五四　藝圃芹廬

五七　聽楓園石徑

五八　聽楓園假山上的石臺

六〇　鶴園扇子廳

六一　鶴園石拱橋

五九　鶴園四面廳

六二　俞樾曲園

六三　塔影園

六五　環秀山莊問泉亭和次山

六七　環秀山莊池水與折橋

六四　環秀山莊主山（前頁）

六六　環秀山莊石室

六九　耦園東園黄石假山

六八　耦園東園入口

七〇　耦園東園山水間水閣

七一　耦園東園框景

七三　耦園東園枕波雙隱

七二　耦園東園東廊

蒼松翠竹真佳客

七四　獅子林立雪堂

七五　獅子林水景

七七　獅子林石舫

七六　獅子林『牛吃螃蟹』

七八　獅子林石榴漏窗

七九　怡園入口小院

八一　怡園『近月』洞門和石笋

八〇　怡園復廊

八二　怡園藕香榭

八四　怡園屏風三疊

八三　怡園水門

八五　高義園逍遥亭

八六　高義園萬笏林

揚休

八七　高義園山林泉池

八九　退思園的中園

八八　高義園虛廊漏窗

九〇　退思園歲寒居

九一　退思園内園

九三　退思園桂花庭院

九四　退思園花瓶鋪地

九二　退思園菰雨生凉

讀書織布吉祥聲

九五　寄畅园主景

九七　寄暢園鶴步灘

九八　寄暢園八音澗

九九　寄暢園假山

九六　寄暢園錦匯漪

一〇〇　燕園之景

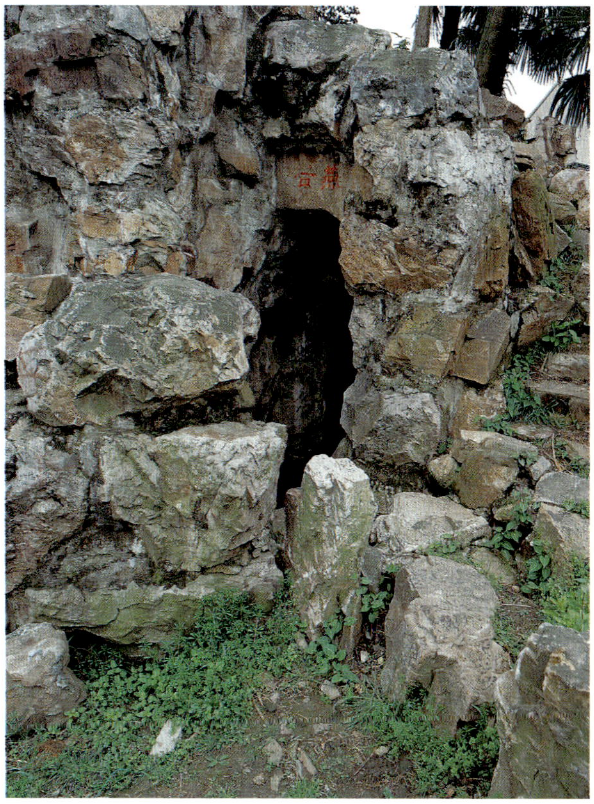

一〇一　燕園燕谷

一〇二　燕園石洞

一〇三　燕園白皮松

一〇五　曾園小橋流水

一〇六　曾園石洲

一〇四　曾園水景

一〇七　曾園虛廓村居

一〇八　曾園行廊

一〇九　瞻園入門對景

一一〇　瞻園主景（後頁）

一一一　瞻園池東水榭

一一三　瞻園北池山石

一一二　瞻園靜妙堂

一一四　瞻園折橋

一一五　瞻園南池假山

一一六　煦園入口

一一七　煦園主景

一一九　煦園桐音館

一二〇　煦園鴛鴦亭

一一八　煦園忘飛閣

一二一　个園入口

一二二　个園春景圖

壶天自春

一二三　个園夏景圖

一二四　个園秋景圖

一二五　个園冬景圖

一二六　寄嘯山莊入口

一二七　寄嘯山莊玉綉樓

一二八　寄嘯山莊東區

一二九　寄嘯山莊東區鋪地

一三〇　寄嘯山莊西區

一三一　寄嘯山莊方亭

一三二　片石山房假山

一三三　片石山房楠木廳

一三四　小盤谷鳥瞰

一三五　小盤谷雲牆小院

一三六　匏廬庭院

一三七　匏廬西部池軒

一三九　喬園數魚亭

一四〇　喬園綆汲堂

一三八　匏廬水中天

一四二　天一閣假山池亭

一四三　天一閣假山石

一四一　天一閣

一四四　天一閣水池

一四五　天一閣蘭亭

文瀾閣

一四六　文瀾閣

一四七　文瀾閣西長廊

一四八　文瀾閣前院假山山道

一四九　郭莊一鏡天開（前頁）

一五〇　郭莊兩宜軒

一五一　郭莊沿湖景致之一

一五二　郭莊沿湖景致之二

一五四　郭莊北區

一五三　郭莊沿湖景致之三

一五五　小蓮莊入口

一五六　小蓮莊蓮花池

一五九　小蓮莊内園

一五七　小蓮莊圓亭

一五八　小蓮莊釣魚臺

一六〇　青藤書屋外庭院

一六一　青藤書屋内庭院

一池金玉如如化

一六二　蘭亭竹徑

一六三　蘭亭鵝池

一六四　蘭亭

一六五　蘭亭曲水流觴處

一六六　蘭亭王佑軍祠

一六七　豫園捲雨樓

一六八　豫園内園

一七〇　餘蔭山房深柳堂

一七一　餘蔭山房深柳堂裝修

一六九　餘蔭山房畫橋

一七三　可園邀山閣

一七二　可園門廳

一七四　可園觀魚簃

一七五　清暉園碧溪草堂

一七七　梁園十二石

一七八　梁園日盛書屋

一七六　清暉園綠雲深處

一七九　林家花园榕荫大池

一八〇　林家花園雲景淙

一八一　林家花園酒壺窗洞

一八二　青雲軒庭園

一八三　德義堂庭園

一八四　德義堂庭園一角

一八五　德義堂西花園

一八六　西園

一八七　西園漏窗

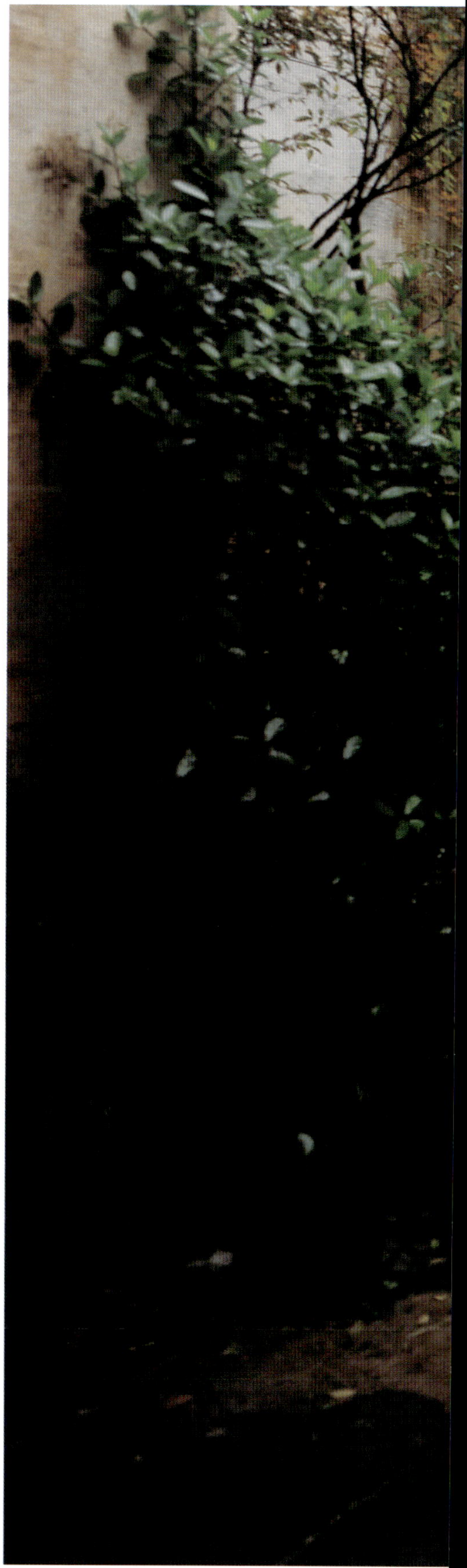

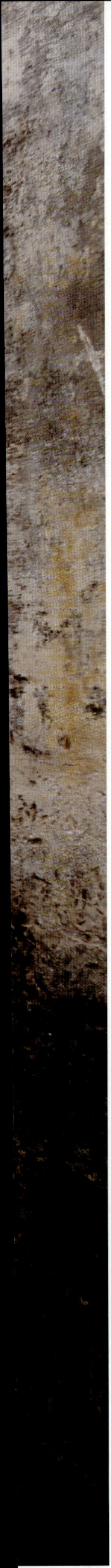

一八八　桃李園

一八九　胡氏宅園

一九〇　臨溪別墅

碧園

一九二　碧園燕詒堂

一九一　碧園

一九三　承志堂魚塘廳

一九四　許家廳西花園

一九五　斗山街許氏宅園庭院

一九六　許氏宅園之一

一九八　許氏墓園

一九七　許氏宅園之二

一九九　竹山書院入口

二〇〇　凌雲閣庭園『山中天』

二〇一　凌雲閣庭園清曠軒

二〇三　凌雲閣庭園假山

二〇二　凌雲閣與庭園

二〇四　檀乾園小西湖與鏡亭

二〇五　果園泉石

二〇六　果園仙人洞

二〇七　十二樓假山

二一〇　欣所遇齋前院

二〇八　十二樓水池

二〇九　欣所遇齋小院

二一一　欣所遇齋漏窗

圖版說明

一　恭王府萃錦園東路庭院

恭王府位于北京西城區前海西街，為清道光帝旻寧的第六子恭忠親王奕訢的邸園。恭王府分為府邸和花園兩部分，其間以長達一六〇米的通脊二層後罩樓相隔。花園位于府邸之北，名萃錦園，占地約合四〇畝，園內布局分中、東、西三路。此為東路，以四合院形成竹子院、荷花院等庭院一路展開。第一進大門為垂花門，兩側的抄手遊廊牆飾以冰裂紋。東路北端為觀劇用的大戲樓。垂花門之南為一小土山，平緩而温軟，似隔還連，纏綿以山形于園之南端，沿東向和東路東側（亦整個萃錦園東側）與南北方向的青石假山相接。

二　恭王府萃錦園連廊

東、西路和中路的交接是以配房和連廊過渡的。此為于芭蕉院由東往西看所見連廊與中路的假山之上邀月廳銜接之景。廊道曲折變幻，形成多重景致，然連廊布局仍以平直為重，連廊建築色彩以大綠鑲紅為主，此亦為王府花園的特色之一。

三　恭王府萃錦園西路詩畫舫

萃錦園西路以池水為主景，池心有『水座』三間，名『詩畫舫』，舫與池岸有浮橋（船）連接。池北有五間房，名為『澄懷擷秀』。圖片為由池之東岸向南和西作觀，透過池水向南看，為榆關，穿過詩畫舫則可見榆關之西的假山。西路之西側（亦整個萃錦園西側）為南北向的土山，從榆關以西經假山一直延伸到『澄懷擷秀』的西側，它和東路東側的疊石假山共同環抱花園。

四　恭王府萃錦園榆關

榆關是花園西路最前面一段城堡式的圍牆，牆上闢券洞，額書『榆關』，為山海關別稱。牆雖不高但雉堞林立。這段特有的山路與衆不同。穿行其上，南可視一字排開頗具氣勢的後罩樓；北可鳥瞰萃錦園全景。榆關做法許與皇親國戚和達官貴人之主人身份有密切關係。榆關兩端接青石假山。榆關內有『秋水山房』、『妙香亭』、『益智齋』等建築。

五　恭王府萃錦園大門

大門在花園南牆之中，亦中路之開始。門為西洋式石雕花拱券門。門內左右都有青石假山，東側為『垂青樾』、西側為『翠云嶺』，東西假山用一青石橫置，形成自然門洞，其後為中路的第一觀賞中心『獨樂峰』，為一聳立的太湖石。

六　恭王府萃錦園流杯亭

流杯亭名『沁秋亭』，位于東路第一進院落垂花門右前方。亭內流杯渠呈自然婉轉狀，有進、出口水斗子。進口水斗子由水項子一段銜接，并漸隱于自然假山之下，水出自然流暢，出水排出亭外與地下暗道相通。

七　恭王府萃錦園蝠廳

用『蝠』諧音『福』是中國傳統文化的一大特色。萃錦園中路『獨樂峰』立石後有一蝙蝠形小水池，舊名『蝠池』。中路最後有一『蝠廳』，乃圖片上的五間『養雲精舍』，其兩側各接出曲折形耳房，形如蝠之兩翼而得名『蝠廳』。蝠廳木裝修獨具特色，柱、枋、椽、額及梁頭均飾以木紋，且色彩淡雅，額枋上繪蘇式彩畫，與前臨假山相映成景成趣，幽謐而淡怡。

八　北京可園晨景

可園位于北京帽兒胡同九號，據園內石碑記載，是清代咸豐年間所建的私人花園。園位于宅邸之東，基址南北長、東西短，呈長方形。全園布局以建築為主、山水為輔、樹木為陪襯。園依長向分前後二園，前園疏朗，水池居中；後園緊湊而幽靜。前、後園之開始均以假山作屏障。圖片為薄霧輕抹的可園前園，自北向南看，松柏蒼翠，水池之南為三米多高的假山，山之東端置六角亭以增山勢。

九　可園大花廳前的艮岳石

可園大花廳是將前後園進行過渡和分隔的園中主體建築。在該建築前之左、右側各有一『特置』艮岳石。此為東側之艮岳石。艮岳石乃源于北宋汴梁壽山艮岳，壽山艮岳是宋徽宗時營造的一處宏麗御苑，苑內悉集四方花竹奇石。北宋末年，金人攻下汴京，艮岳遭到破壞。北京北海瓊華島上的一些太湖石，就是金代從汴京運來的艮岳遺石。相傳可園大花廳前的艮岳石為購置而來，是一塊剔透的太湖石。

一〇 可園後園東廊與廊閣

可園除了主體建築以外，其餘都依周邊而設，東、西兩面皆以廊為主，穿插以亭、閣和門屋，從而使得園林建築高低錯落、變化有致。此為後園東廊之廊閣，構思獨特，閣建于高起平地二米多的高臺上，閣之南北都接以爬山廊，將園之平直的輪廓綫打破。閣之檐下有美人靠可憑欄觀景，挂落取自樹木之自然植物圖案。

一一 清華園島嶼

今北京清華大學範圍內有一座清朝皇親的私園，名熙春園。園林建築又分成西南和東北兩組。道光年間，熙春園被一分為二：東北部分仍稱熙春園，是道光皇帝第五子奕誴的府邸；西南部稱為近春園，歸道光第四子所有。四子奕詝當了咸豐皇帝後，把熙春園改稱清華園，并進行了部分擴建。清華園舊址包括現在清華大學大禮堂至『水木清華』一帶及其以南大片地區。此為大禮堂以西、『水木清華』北岸的清華園舊址島嶼部分。島嶼以小土山為屏，和對岸的建築相對應，山上松柏蒼鬱，山下水面寧靜。

一二 清華園水木清華

『水木清華』即島嶼之南的水面，據説康熙皇帝曾于此賞景并題『水木清華』匾額。今匾額高懸于水之南面的主要建築『工字廳』檐下，廳北有平臺臨水。目前『工字廳』柱子上還懸挂當年曾任咸豐、同治、光緒三代皇帝的禮部侍郎段兆鏞所書的對聯：『檻外山光歷春夏秋冬萬千變化都非凡境；窗中雲彩任東西南北去來澹蕩洵是仙居』，道出水木清華之景色和意境。

一三　清華園舊址之一

該處清華園舊址位于清華大學大禮堂以西、『水木清華』以東，是一小土山。它和水木清華之北岸和西岸島上的土山之屏，一同圍合成仙境般的幽靜水面。這處小山上，柏樹挺拔，杈椏虬曲蒼勁。六角亭是為紀念聞一多先生後來建造的，稱為『聞亭』。

一四　劉墉宅園

劉墉宅園在北京東城禮士胡同一二九號，為清代劉中堂（墉）之宅邸。宅園位于宅邸之西北角。宅園呈東西長、南北短之長方形。圖片自園之西北角看東南角，是宅之廊、屋圍合成園的部分。園之西北隅舊有帶石土山蜿蜒如山脈，高約五米，土山下為曲折水池，山水之間有今圖片最前面的小路穿行。整個園中樹木葱鬱，頗具野趣。

一五　劉墉宅與園的過渡

劉墉宅的建築布局以三組四合院組成品字形，加上西北角的園，共合為『田』字。南側兩組四合院并列，另一組成縱向列于東一組之北。此為北一組四合院通向花園的過渡之處，有一八角亭作為宅與園的銜接。回首四合院，院內花臺上花卉叢放。其餘四合院內也均方磚墁地，或設花臺，或種植常綠樹，清爽怡人。

一六　網師園網師小築

網師園位于江蘇蘇州十全街南。園于宅之西側，面積八畝有餘。宅為典型的蘇州住宅格局，經大門、轎廳，後有大廳和擷秀樓，其間庭院二重。自轎廳折西有小門，乃園之入口『網師小築』。後由廊連接小山叢桂軒。由經山石叢錯的小山叢桂軒，即抵中部水池。西區以殿春簃為主體建築形成庭院。池之東北為梯雲室一區庭院。

一七　網師園半亭、射鴨廊及竹外一枝軒

網師園中部以水池為中心，水聚而不散，岸曲折高下自如。環繞水池為有進有退的建築、錯落有致的山石、色姿俱佳的樹木。最是依住宅山牆而建的半亭、射鴨廊及轉而折向的竹外一枝軒，空透而精巧，將密實的山牆和靜如明鏡的池水進行了很好的過渡，從而將虛與實、高大和平緩進行了諧調，并形成網師園最獨特的場景。住宅山牆之白牆，則成為一幅可以生動映現園之豐富的背景。

一八　網師園月到風來亭

自宅西的半亭，恰可對景月到風來亭。月到風來亭的臺子稍稍抬高，臺下用黄石處理成洞穴狀，使池水有廣延與不盡之意，黄石也與駁岸有了自然的銜接。亭之背後為中部與西部交接的園牆，巧開漏窗，并于亭正中的牆上裝一面鏡子，映出園中景色。『月到風來』取自唐代文學家韓愈詩句『晚年秋將至，長月送風來』。在這裏，秋夜賞月，對景品味，詩意盎然。

一九　網師園濯纓水閣

濯纓水閣是臨池面水的主要建築。『濯纓』之名取自《楚辭·漁父》：『滄浪之水清兮，可以濯吾纓；滄浪之水濁兮，可以濯吾足』之句，以表清高之意。水閣西端用折廊相連，并和園牆形成一小天井；水閣東端植樹疊石，亦是小山叢桂軒前的山石花木之精美景色。閣自水面架起，水深幾許？令人遐想。（張振光攝）

二〇　網師園竹外一枝軒

竹外一枝軒是一空透的軒廊，北接集虛齋，南臨中心池，隔水可望小山叢桂軒。竹外一支軒雀替，直綫與曲綫結合，曲線勾勒出卷草、花卉，直綫則將花飾過渡到柱子和額枋。這種賦形空透的雀替置于竹外一枝軒檐下，更使這小巧玲瓏的軒廊錦上添花。

二一　網師園殿春簃景致（上頁）

殿春簃在園之西區。殿春簃屋前明朗而開敞，殿春簃後、北窗外，咫尺之地而成幽靜小院，種植臘梅、慈孝竹和芭蕉，并和山石結合，後牆映襯使之成為天然圖畫。殿春簃窗飾花紋，窗中之框如同畫框，形成一幅幅生動的圖景。這種對園林裝修的周密設計，亦網師院最精彩之處。

二二　網師園殿春簃庭院

殿春簃舊以盛植殿春之花芍藥而聞名，今殿春簃前有低矮石欄為界，花街鋪地，樹木叢配有致，院之三面依牆布置山石和亭廊，形成一區安靜的獨立庭院。

二三　網師園涵碧泉

在殿春簃庭院内南牆前有一泉眼，在地面下一米餘，涌水成池，稱為涵碧泉。周圍壘石為山，池中泉水仿佛山泉清流之匯集。南牆上開設漏窗，為這一處增加了情趣。小院内外雲飛霧走，風聲光影川流不息。

二四　網師園梯雲室石庭小景之一

梯雲室一區以石庭最有特色。該石庭位于五峰書屋東、梯雲室之南。庭中利用多種石頭形成不同的景致。之一為巧豎石笋于石庭西南角。一根秀長的石笋在『L』形樹石的陪襯下，成為一幅構圖精美的雕塑，其後呈水平綫條的空廊也起襯托作用。尤其是石笋置于一角，將建築的拐彎和交接，同與石景之『L』形一樣，有了自然地過渡。

二五　網師園梯雲室石庭小景之二

石庭小景之二，由湖石形成花臺，臺面臺側適處植土，種有書帶草，形成自然之狀。臺上的紅色楓樹裁剪有致，後襯白牆，樹影婆娑。石庭内花街鋪地。梯雲室石庭内還有用湖石壘成的山石雲梯，通至讀畫樓。整個石庭以石為主題，結合背景和建築形成豐富的石景。

二六　網師園五峰書屋臺階

五峰書屋樓位于擷秀樓之北，兩樓之間成院，有花石小景、草木之觀。五峰書屋南向的石階采用自然湖石形成兩級踏步，湖石和地面交接處植以書帶草，和院中景色諧調。湖石作為自然石之一種，置于地面和屋基之間，是私家園林中常用的一種手法，它是將人工和自然、檐下内和外、地面高差之間進行的一種很好的轉換。

二七　滄浪亭園外即景

滄浪亭在蘇州城南三元坊附近，這一帶山水形勝，水系由西而東逐漸開闊，山丘林木葱鬱。滄浪亭充分利用自然之利，未進園先得景，此與一般蘇州私家園林高牆深院内造景為最大不同。園門位于西北角，門前設橋，渡橋入園。由路而橋之間有『滄浪勝迹坊』。臨水有面水軒，連接面水軒的是前後復廊。面水軒外古樹蒼翠，臨水伸展；復廊通過漏窗交融内外景色，是蘇州怡園、獅子林采用復廊的先例。滄浪亭也是蘇州現存古典園林中歷史最久之園。

二八　滄浪亭山景

滄浪亭內以山為主構成山林之景，是滄浪亭之中心部分。登山可俯瞰近景之水、眺望遠景之山。山由土、石結合而成，大量用土，而于山脚、周邊和洞壑處用石勾勒出山勢。山上石徑盤迴，古樹參天，極具野趣，又有點題建築滄浪亭立于山上，古意盎然。

二九　滄浪亭小徑

在滄浪亭山林與復廊之間，有一條小徑，順應山脚又迎合廊之走勢，成柔和曲綫狀鋪就。它將山脚的嵯峨立石和折廊的堅硬角度進行了很好的過渡，綫型流暢柔潤。雖采用簡單的碎石材料，却有優美的韵味

三〇　滄浪亭看山樓

看山樓位于園之南端，雖是因滄浪亭園內不能遠借城外西南諸山而作的補救建築，但該樓一分二體，高下皆宜，樓外修篁摇曳，樓前石徑導引，也成滄浪亭之重要一景。

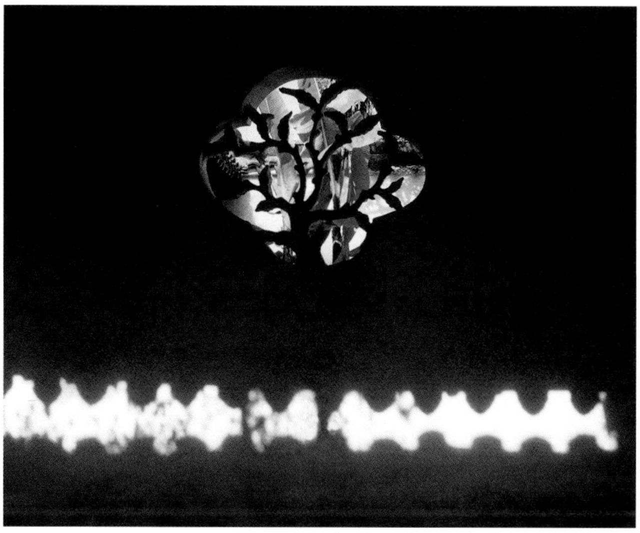

三一　滄浪亭廊下漏窗

這幅美麗的圖畫是在明道堂附近捕捉到的。明道堂位于滄浪亭山體之南，是一較大的廳堂，四周則有廊道相通。明道堂西側外又有一折廊，兩廊之間形成一小庭院。于是一側廊下的牆上在東升的陽光下形成雙向屋檐的陰影畫面。廊牆又置花漏窗，窗後陽光明媚，芭蕉婀娜，煞是美羨。

三二　拙政園遠香堂一帶

拙政園在蘇州婁門內東北街，始建于明中葉。圖片為最古老之部分——中部水池及池南的建築。據明代文徵明所作《王氏拙政園記》、《拙政園圖》與題咏的記載，初建園時，茂樹曲池，水木明瑟曠遠，幾近天然風景。園內建築物稀疏，但已有若墅堂（圖左建築遠香堂）和其西的軒（倚玉軒）。當時園之範圍即包括今日拙政園三部分。明末，最初的拙政園已荒廢，東部劃出另建『歸田園居』；中、西部至順治年間恢復并重建；康熙年間大肆興建；乾隆初，拙政園又分為中部『復園』和西部『書園』。現拙政園之名是後來沿用中部最初之名。此處池水清澈、臨水平臺寬敞、建築高敞空透，仍是拙政園的最重要景觀。

三三　拙政園中部水池

拙政園總體布局以水池為中心，中部是全園精華所在，面積十八畝半，水面約占三分之一，凡諸亭、堂、臺、榭、軒，皆因水為面勢。圖片上可見右之倚玉軒、遠處坐東朝西的梧竹幽居和近處六邊形荷風四面亭。該亭處于水面轉彎之處，是『因水而面勢』的佳構。三分水、二分竹、一分屋，是拙政園的貼切概括。除水面敞闊外，建築均掩隱在萬綠叢中。

三四　拙政園松風亭

松風亭極小，三米見方。位于中部著名的小飛虹之南、隔水折廊之轉角處，前臨水，側倚松，後接廊，位置獨特。新月明照，微風拂面，悠坐一方石凳，松聲濤濤入耳。是小中見大之場所。恰如匾所曰：『一亭秋月嘯松風』。

三五　拙政園釣碧

在拙政園中部香洲之北，有一突出于水面的石磯，可坐而漁，曰釣碧。水之駁岸處理有進有退、高下皆宜，是拙政園具自然野趣之一。從此釣碧可以見得拙政園砌駁岸壘石之意匠。

三六　拙政園水廊

水廊即西部劃分空間、引導遊人的一組曲廊。此為水廊一段，又曰浮廊。南接宜兩亭，北接倒影樓。廊之漏窗白粉牆（後亦為廊）是劃分拙政園中部與西部的分界。浮廊隨勢一處輕柔地架起，石拱下池水汩汩，似有『深深深幾許』之空間滲透擴張感；一處又緩緩落下，以半亭形式令人駐足、停憩。水廊仿佛一段樂章，有慢板、有高潮、有休止，于此遊人足下形成有節奏和有韵律的園中漫步。

三七　拙政園見山樓下的蒿草

穿過柳蔭路曲，抵達見山樓，見山樓位于園中部之北。登樓後已達至高潮，園內園外景色盡收眼底。故下了見山樓之中部北一區，以蕭瑟、淡泊的山林和水景為主，路緩徑平，山野水淡。此水中蒿草是為一證，也將拙政園之景區豐富、野趣無窮之特色表露出來。

三八　拙政園折橋

該折橋雖質樸但設計極佳。它位于園東倚虹門前，中部的大水面經由它成『澗』流向海棠春塢。橋之欄板和望柱樣式是明代風格，簡潔、古拙。雖跨越水面只需一段直橋，但護欄做成折形，過渡到自然石砌築的駁岸上，這種橋面和路面的延伸感、自然與人工的契合，于此有很好地交接。

三九　拙政園海棠春塢小院牆廊

海棠春塢位于園之東南角枇杷園之北端，海棠春塢以小院中植有西府海棠而命名。小院北有廳堂，北倚玲瓏館院牆，東和西則以外為牆内為半廊的牆廊圍合而成。此牆廊比例優美，細部精緻，廊下的牆上設漏窗，海棠之春光亦可滲透院外。

四〇　拙政園的枇杷園鋪地

枇杷園是拙政園的園中園，以玲瓏館為中心、普種枇杷樹為特點。枇杷園鋪地以六角形內的圓形枇杷為中心、六出三角形組成，圖案用瓦（缸）片側砌形成幾何分隔、以白卵石為底、黑卵石為中心，分布疏密有致、清新分明。在陽光下枇杷樹影相映，一幅栩栩如生的枇杷園景便由鋪地產生了。

四一　拙政園枇杷園洞門看雪香雲蔚亭

枇杷園洞門框景出中部山林上的雪香雲蔚亭，這種園景互借和巧借，于拙政園俯拾皆是。所謂『構園無格，借景在因』是也。枇杷園的雲牆、洞門、樹石、鋪地，有了這一所借之景，便構成有空間滲透、有內外交融、有陪襯和主題的豐富景致。

四二　留園華步小築

留園位于蘇州市閶門外留園路，是蘇州規模較大的古典園林。明嘉靖年間太僕寺徐泰時置東西兩園，今留園是東園範圍。留園以空間富于變化見長。華步小築為入園後的第一個院落空間，院中『古木交柯』為第一景：咫尺天地，一壁高牆下石笋聳立，石臺上種有古藤和山茶花，形成一幅立體圖畫。小院另三面為曲廊和門洞，繼『華步小築』後又是一徐徐展開的空間。

四三　留園西區水面和明瑟樓及涵碧山房

留園規模大，分區亦多，除苗圃外，主要分為西區、中區和東區，各有特色。此為西區，以水池為中心，周布置以樓、堂、亭、廊等。水之池岸較平直，尤明瑟樓和涵碧山房前，臨水建鋸齒形平臺，因直綫過長而令水小和呆板。樓、房、軒、廊等則建築組合較好，進退自如，高低對比，錯落有致。植物配置亦佳，花紅柳綠，或迎放伸展或綠絮低垂，使建築造型更加生動。

四四　留園曲谿樓和濠濮亭

于西區北向南看，呈現眼前的是東側的曲谿樓和濠濮亭。曲谿樓是一座五開間的樓，進深只有三米多，樓下為廊，樓上可觀景，因進深小難有所作為，但該樓作為宅園之交界，對園內造景也起作用。其北端錯接西樓，形成進退自如的建築優美構圖。濠濮亭位丁半島上，亭子大小及比例均好，但由于該半島及由橋延伸出去的蓬萊島所占水面過大，從而使西區水景不夠敞朗。

四五　留園曲谿樓後牆爬藤

曲谿樓房子進深小，背後却有一光滑的高牆朝向庭院。這面牆上披陳牆衣，這就是爬藤與挂枝。這身牆衣不僅禦冷抗熱，而且也給小院增加了一幅綠陰畫面。這種手法在私家園林中廣為運用。

四六　留園汲古得綆處山牆

汲古得綆處原是書屋，位于『五峰仙館』西北角，其名取自韓愈詩『汲古得修綆』。山牆磚砌博風板和窗檐，綫條堅挺流暢。白粉山牆對面是牡丹花臺，牆前置石種竹，藉以粉牆為紙，均得畫意。

四七　留園水之支流

留園西區水面除用小蓬萊島將水面劃分出兩部分外，還置大石塊一，將水形成支流。其做法是在水池西北角將所置大石與鋪地之間架以板橋，水似有隔而實在流動。因為有了這支清流，水景則有了動感和深邃之意。

四八　留園爬山廊

留園西區西牆正中在壘起的假山上築有閘木樨香軒，軒前假山置臺階可上，而軒之兩端則用爬山廊連接緩坡可至平地。該爬山廊一段和院牆脱開，形成一梯形小院，雲影浮動、樹影斑駁，構成一幅變化的圖畫。廊遇水支流，則跨平橋而上，廊又有高下曲折之變化，人行其中，感受無限。

四九　留園林泉耆碩之館圓光罩

林泉耆碩之館是留園東區的中心，將東園一分為二：北邊以冠雲峰為主構成石景；南邊以苗圃為內容形成植物之景。這個高大的廳堂呈鴛鴦式，沿中軸綫置板屏和圓光罩，將室內隔為前後兩部分：北可欣賞冠雲峰；南可出入苗圃園。照片中圓光罩鏤空雕花，綫條細密流暢，背後窗扇開啓，滿目清亮。

五〇　留園冠雲峰

冠雲峰地處東區北端冠雲樓前。該石為光緒初年（公元一八七五年）購得、光緒十七年（公元一八九一年）年構庭築成，因冠雲峰形美色潤、高大而難得，成為留園著名一景。石周以小石作陪襯，前以浣雲沼成倒影，更突出其挺拔冠雲之勢。該石又具『瘦、透、漏、皺』之質表和佳形，成為太湖石之最高標準的代表。

五一　留園自然石桌凳

該自然石桌凳于東區，出『東園一角』即可觀得。石桌面取天然之石面，下有搭架作用的石墩。石凳放置輕鬆自然，尺度和石桌相配。地面用自然小塊石成環狀鋪砌，恰如一幅枯山水圖。在石桌和石凳邊恰到好處綴以書帶草，使這堅硬的石景有了生機。周圍均為植物，間有小路蜿蜒通行。

五二　藝圃池南假山

藝圃位于蘇州市文衙弄，原為明朝文震孟（文徵明曾孫）的藥圃，清初改為現名，又稱敬亭山房。全園以一大水池為中心，四周景色不同。假山位于池南，規模較大，山以土堆成，臨池用湖石疊成崢嶸氣象，山上林木參天，山頂建『朝爽亭』，有石階可上。臨池橋低平綫長，增強了假山的橫向鋪陳感，水自橋下漫延開去，雲影在水中浮轉，更顯此園水闊天空之爽朗。西有一圓洞門進入一幽靜小院。

五三　藝圃響月廊

響月廊在池之西側，倚建築山牆而建，實為半廊。廊中就勢成榭，憑欄可及假山，榭中有聯：『踏月尋詩臨碧沼，披裘入畫步瓊山』。可見是一觀景如畫的佳地。

五四　藝圃芹廬

芹廬位于藝圃水池西南隅的小院內。芹廬月洞門斜向對景院之入口圓洞門。芹廬門前宛如精心設置的盆景，一泓清泉沉于小小池中，池岸亦假山亦石磯，將水面和卵石鋪地進行銜接，臨門石上栽植楓樹，色姿俱佳。自西南入口的高大白牆則成為景致之背景。

五五　藝圃香草居

香草居位于芹廬內庭院，門外接彎月廊可通至池北水廳。香草居與一般私家園林廳堂不同，廳內較密實，不如一般的敞亮，但窗飾自成一景，窗不可開啓却可聞香草居前花草之香。廳一間又作軒和廊子相接，樸素中見隨意，封閉中寓開敞。

五六　藝圃博雅堂庭院

博雅堂庭院在池北水廳之後。博雅堂大三間端坐，前有廊和側廊相連。庭院內巧植花臺，實際是地面上植草木，但土與鋪地交接處因有了湖石之壘，而有了臺的感覺。一端豎石而立，一端置樹相對，一硬一軟，構成庭院生動而完美的景致。鋪地色彩分明，走向打破橫平豎直而成斜向，賦動感。

五七　聽楓園石徑

聽楓園在蘇州金太史巷。光緒年間，曾為蘇州知府的歸安人、金石書畫鑒賞家吳雲（字少青）所建。吳雲先居虎丘，後移于此。全園占地僅畝許。以聽楓山館為中心，園分為兩部分，東南疊石為山，西北一潭泓碧。圖片為西北區池南的假山，山不高，但堆土疊石，曲徑逶迤，花木掩映。園內四周為齋館廊堂，雅潔精緻。

五八　聽楓園假山上的石臺

曲徑登山後，實為高出院子地面米許的平地，點綴湖石，卵石鋪砌，上置石臺一方，周花木扶疏，仿佛進入較大山林天地。向北看，水榭靜僻秀雅，是觴咏佳處。吳氏衰微之後，數十年間，日見頹圮。今所見為一九八〇年後所復舊觀，現為蘇州國畫院所在。

五九　鶴園四面廳

鶴園在蘇州韓家巷，光緒三十三年（公元一九〇七年）洪鷺汀觀察始建。以俞樾所書『携鶴草堂』而名曰『鶴園』。此園布局以水池為中心，周圍以山石點綴。四面廳在池之南，四面有景可觀。廳南與門廳和粉牆花窗相對；沿粉牆置花臺，栽花配樹，點以立石，有丁香一株，構成廳南對景。廳北隔池與大廳相對，兩廳之間為水池，環池疊湖石，是為景觀，所謂廳額『枕流漱石』。廳東與廊相接。廳西為池水細流一脉，配植多種花木。

六〇　鶴園扇子廳

扇子廳實為重檐梯形館，造型別致，因依西牆成扇子狀而俗稱扇子廳。扇子廳東即池水向四面廳西南延伸的細流，這一泓清水，狀如瘦鶴。鶴頸上架木欄杆短橋，連接扇子廳和四面廳北一帶。池岸均疊湖石，有深澗之感。鶴園占地不足三畝，却簡潔而有特色。

六一　鶴園石拱橋

鶴園水池是園之重點，池之東南角處理簡潔却有意味。即將沿池所用之太湖石在近角端處，架一石拱橋，而使水汪于角端，并設臺階可下。石拱橋綫型和用材均十分獨特，而使水有了源頭之感，極自然。環池還配植迎春、含笑、丁香、海棠、桂花、夾竹桃、紫薇、臘梅等體型不大的花木與若干常綠樹種，葱籠而爛漫。

六二　俞樾曲園

曲園在蘇州馬醫科巷。原為吳縣潘世恩舊第，同治十二年（公元一八七三年）德清俞樾購得，靠朋友資助建園于宅之西。小園壘石鑿池，雜蒔花木，以其形曲，名曰『曲園』。園以『曲池』為中心，倚宅山牆而建的『回峰閣』和『曲水亭』東西相值；池南的『認春軒』和池北『達齋』（于圖片前景外）南北相對。回峰閣內置鏡子一面，映出滿園春色，回峰閣兩邊以白牆為紙，堆石洞假山，寫花木翳然。俞樾曲園是清末的私家書齋庭園，曾名極一時。公元一九五四年，俞樾曾孫、紅學專家俞平伯將『曲園』獻給國家。

六三　塔影園

塔影園在蘇州虎丘便山橋南，文肇祉（文徵明孫）建。初名『海涌山莊』，屋宇高爽，中立一亭，蒼梧修竹，清泉白石，擅山水之勝。後鑿池及泉，池成，虎丘塔影倒映其中，故更名為『塔影園』。今仍于蕭條疏豁之中可見虎丘塔影。明末，長洲顧苓退官歸里，在塔影園址築園庭，名『雲陽草堂』，『園中修廊曲池，木石森布，亭館潔精』（歸莊《照懷亭記》）。清光緒二十八年（公元一九〇二年），在園內建李鴻章祠，題曰『靖園』。園中花木亭臺，頗具雅趣。辛亥革命後，逐漸荒廢至今。

六四　環秀山莊主山

蘇州景德路二八〇號的環秀山莊，始建于清乾隆年間，為一私園，道光末成為汪姓宗祠的一部分，更名環秀山莊。園以山為主，水為輔，山北巧置建築，池南開敞。現存假山據載為乾隆年間疊山名家戈裕良設計，水平高超。此雖為後來修補，但大體仍持原貌。　山分主、次，主山東接園牆，由南轉西臨池接水，山間水谷穿鑿，川流不息。主山參照天然石灰岩被雨水衝蝕後的狀況，將湖石疊成或如山峰、或如峭壁、或如石縫、或如石洞等自然景象，同時雖表意不同却整體有勢，十分難得，蘇州湖石假山當推此為第一。山後有補秋山房和『半潭積水一房山』亭。

六五　環秀山莊問泉亭和次山

環秀山莊次山位于池北，緊貼西北牆角。次山臨池一壁，石壁上留有『飛雪』兩字，乃飛雪遺址。主次山之間澗以水，并設置問泉亭。池西除有廊通至問泉亭外，池西走廊上有邊樓可望山景。問泉亭和廊子連接處因跨于水上而成橋廊。此處空間滲透，景致豐富，山水樓臺、花石樹木，步移景异。而抵問泉亭，則見聯曰『小亭結竹流青眼，卧榻清風滿白頭』，意蘊無限。

六六　環秀山莊石室

石室是主山的重要一處，在四米高的峭壁對面山體內置成。石室乃用山石疊成一石洞，洞直徑約三米，高約二米七，中設石桌石凳，可供人直立和坐息。四壁有孔宛如户牖，又可通風采光。石桌旁還有石洞下通水面，天光水色均映其中。此石室較一般為大，意匠别致。　石室外有石階盤旋而上，可登山頂。

六七　環秀山莊池水與折橋

山莊主山前西南池水為寬闊之處，上置折橋，將主山和陸地連接起來。折橋綫條分明，彎折可愛；池岸則用湖石與地面和池岸銜接，自然婉轉。最是主山前和池水間闢小徑一條，上置卵石鋪地。行走其中，一側山壁聳立，另一側水緩如鏡，雖咫尺之遥，却有大山大水之間的況味。

六八　耦園東園入口

耦園在蘇州婁門新橋巷東，因有東、西園在宅之東西而名耦園。東園原稱涉園，清順治年間保寧太守陸錦所築，後為崇明祝氏別墅。耦園是光緒年間歸湖州人沈秉成辭官退隱後偕夫人來此增築而成，耦園又有夫婦佳偶居此之意。東園入口做法簡單，但造型獨特，于粉牆一處高起，置圓洞門而成。牆内立柱成廊，于門内則建起翹屋面而成門斗，清秀雅麗。門前道路斜置，兩側樹木成景。

六九　耦園東園黃石假山

東園面積約四畝，布局以山池為中心。黃石假山分兩部分，東半部較大，有石徑可通其上。山石絶對尺寸并不大，但一側為絶壁，另一側則成陪襯，顯得山勢嵯峨，氣壓冠頂。這一處石室宛如林間深居，形成山野之趣。小路尺寸和假山體量配合適當，空間感遂成。

七○　耦園東園山水間水閣

東園假山之間為池水，而成山水間之境。于此水上所建水閣便為『山水間』水閣。水閣窗牖空透，南北互可相望。閣下朱欄石檻，廊敞風爽。此閣為東園主體建築，立意亦佳。惟覺體量過大且高架于水，有失親切和隔斷水面之嫌。

七一　耦園東園框景

由山水間西窗可見西廊變化豐富的漏窗，西廊之前梧桐樹葉茂根深，黄石點綴以周。這幅框景圖平怡空透，風光流動，而木窗框和廊柱又色彩呼應互含，是很典型的私家園林之框景做法。

七二　耦園東園東廊

東廊倚東牆轉折而成，或貼牆或脱開，從而廊牆之間成不規則天井，其間置石種樹。廊牆上又漏窗、瓶門洞開，形成一段變化豐富而空間流動的景致，穿行其間，步移景异。

七三　耦園東園枕波雙隱

枕波雙隱是園西走廊轉向入口處，也是環路觀賞東園的最後一個高潮。該處走廊以住宅的廳堂磚砌山牆為畫面，在窗户上方題額『枕波雙隱』，兩側對聯：『耦園住佳耦，城曲築詩城』，是以文字點題的重要一处。清末之際，詞壇巨子朱祖謀、鄭文焯諸公，常至斯園，與秉成孫等剪燭話舊。

七四　獅子林立雪堂

獅子林在蘇州城東北隅潘儒巷。元至正二年（公元一三四二年），天如禪師的門人惟則請朱德潤、趙善良、倪雲林、徐幼文等共商疊成，以居其師。倪雲林為之繪圖。占地十餘畝，屋宇二十間，林中有竹萬竿，竹下多怪石，狀如狻猊（獅子）者不一，『獅子林』之名由此而來。清中葉更名為『涉園』，疊山手法與建園初期迥异。現規模為公元一九一八年至一九二六年間改建而成。園中部為池，池東南掇石為山，建築主要布置在山池東、北，餘以長廊貫通四周，面積達十五畝。立雪堂位于池東南坐東朝西，小院于其西。立雪堂室内分為兩部分，圓罩分隔。窗後為院落，種有牡丹、玉蘭。室内家具用天然大理石自成山水畫作面而有内涵。圓罩挂聯：『蒼松翠竹真佳客，明月清風是故人』，其意達也。

七五　獅子林水景

這幅水景于立雪堂小院之西，中隔復廊。復廊東，面對立雪堂，牆上開洞，牆下置石種樹；復廊西，牆臨水，牆基和水交接處堆疊湖石。池北單廊一端連接復廊，另一端與修竹閣相通。閣前修竹紫荆，倒影水中，加上復廊白牆窗洞的倒映，水景明麗而嫵媚。

七六　獅子林『牛吃螃蟹』

立雪堂前小院有兩大組、兩小處用湖石壘成的象形動物。『牛吃螃蟹』乃一處，于立雪堂西北方。它在黑白分明的錢幣圖案構成的鋪地上，以牛頭、蟹爪為主要特徵鑲石而成，餘還有對獅、蹲獅、卧獅等形象，生動有趣。此手法和蘇州其他私家園林用石不同，有宋元之際枯山水手法的影子。

七七　獅子林石舫

獅子林中部水聚池寬，沿池有平臺、亭榭、山石駁岸等，進退波折。池北有較集中的建築一區。最高大的是『暗香疏影』樓，樓前水上有石舫一座，有短橋相通。該舫玻璃及其屋頂樣式和一些細部，均摻揉了一些西式手法，當是公元一九一八年至一九二六年期間所作。（張振光攝）

七八　獅子林石榴漏窗

該漏窗比較獨特。窗洞以果狀形似，漏窗以石榴為主題纏枝而成，這也是私家園林中常用的裝修裝飾手法。即用植物、動物等紋樣替代幾何形的呆板，取得園林自內而外、自大到小的統一和內涵。此窗石榴飾以黑色，于白牆上分外鮮明；位置也獨到，恰于牆高之半。窗中、窗前、窗後，花木交相呼應，形影似已成疊，别致有趣。

七九　怡園入口小院

怡園園門在東北角，臨蘇州人民路。由園門入東部小院，只見湖石花臺和石峰合二為一，花、樹對立，後襯白牆，怡人圖畫撲面而來。怡園建于清末同治光緒年間，顧子山創建。園西與祠堂毗連，園南與住宅隔巷相對。現園內山池亭館基本上仍保持原來布局。

八〇　怡園復廊

怡園總平面東西狹長，面積約九畝，分東西兩部分。兩部之間用復廊相隔。復廊以東原是明朝一官僚舊宅基址，後仍以建築庭院為主；復廊以西是全園重點，水池居中，環以假山、花木及建築。自南而北的復廊，婉轉如行龍，壁間十餘個漏窗，將兩部分景深加大。穿行廊間，可左右顧盼，步移景异。這種采用復廊和漏窗以融貫景色的做法，在蘇州現存的私家園林中，先例于滄浪亭，後怡園和獅子林均襲用之。

八一　怡園『近月』洞門和石笋

在怡園東部，主要建築及院落為『坡仙琴館』和『拜石軒』及其前的庭院。在拜石軒南的庭院中，倚東、南、西三面牆壘湖石花臺；立石笋石峰；植山茶花、柏樹、銀薇等。西牆上開『近月』洞門，引導人入西部觀景。『近月』既點題月洞門，又是循路去西部『鋤月軒』的最貼切的指引。此處優雅靜謐，獨具情趣。

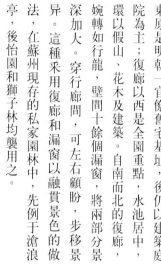

八二 怡園藕香榭

藕香榭是西部的主要建築，北有寬敞的平臺臨水而設。藕香榭是該廳的北半廳之名，又名『荷花廳』，夏季可觀荷花；南半廳稱『鋤月軒』。兩廳外為一廳式建築，内作鴛鴦廳形式。藕香榭東北角置折橋通池北。此處荷風四面，花香怡人。

八三 怡園水門

怡園西部以水景為主景，又運用折橋、直橋和水門將水面分隔和形成景深。此處水門用湖石做成拱門狀，池水經此將大水面折向西北匯成小池。有人工之美，又有自然野趣。

八四 怡園屏風三疊

『屏風三疊』乃三塊立石形成一屏障，為怡園一景，位于園西池北山地上。屏側有小滄浪亭；屏後為園牆和漏窗；屏前較開敞，人工鋪地經由自然卧石過渡至石屏；屏上黃楊樹臨風舒展，構成一幅獨特景致。

八五　高義園逍遥亭

高義園在蘇州天平山南麓。本是唐代『白雲庵』舊址，宋時范仲淹請改為『功德香火院』。至明萬曆年間，范仲淹第十七代孫范允臨為追念先祖，傍山築室，引泉為沼，帶以修廊，通以石梁，璀璨一時，稱為天平山莊。清代范氏後裔重修，并改名為賜山舊廬，乾隆南巡時，因贊賞范仲淹雲天高義，題『高義園』，遂以園名。此為高義園逍遥亭，跨越于山麓高差之間，亭下為中階，左右為燠室，其上左右為斜橋，亭為最勝。亭後為主廳，其間綠蔭蔽日，古樹參天。

八六　高義園萬笏林

高義園是順應天平山南麓呈東西向展開不同場所和景致的。東區有獨立小門南開，入門後為山林。其在天然土山上以花崗岩石作林狀，因山之石皆立，名曰萬笏林，或曰萬笏朝天。花崗岩石色濃量大，有的長滿苔蘚，餘地則野草叢生，樹木高大綠深，極具天然野趣。

八七　高義園山林泉池

高義園雖南北方向用地窄，且有高差，但因天利就地勢以造自然情景是其特點。自北向南看，園西北一角利用天然泉池成一水面，然後自北向南成溪狀引水而下。在山高處建一小亭，可遥眺園外，溪西為虚廊連接另一區。如此布局以天平山為背景，以園中山林泉池和亭子為畫面，構成一幅自然山林圖卷。

八八　高義園虛廊漏窗

虛廊漏窗既分隔也是連接東區和逍遥亭一區的建築部分。布局看似隨意，實匠心獨運。廊下門通道正面置粉壁，既作屏又擴大空間，壁上漏窗和牆上漏窗也成呼應。廊有坐檻并臨溪水，伸手可觸；牆下則為石徑小路，傳遞高下。廊牆輕巧色白，山石厚重色深，相互對比，值景而生。

八九　退思園的中園

退思園在江蘇吴江同里鎮，建于清光緒十一至十三年（公元一八八五年至一八八七年）。全園占地逾九畝，西為宅，東為園。園中又分中園與內園。此中園實為庭院，北有坐春望月樓；南有歲寒居及迎賓樓；院西有旱船；院東則以湖石花臺及樹木構成小景，東廊有月洞門通至內園。退思園取《左傳》：『進思盡忠，退思補過』之意，簡樸無華，清淡素雅。并有春、夏、秋、冬四景自成世界。中園之北的坐春望月樓乃觀春景處，春暖花開之時、月明風清之夜，獨步樓前，令人陶醉不已。

九〇　退思園歲寒居

歲寒居在中園院南，其居之南還有小院，內有賞石和樹木，此為觀賞冬景之所。歲暮風雪之時，于此圍爐品茗，透過景窗，靜觀傲雪冬梅、蒼翠青松、玉立翠竹，猶如『歲寒三友圖』再現。品雪壓青松之韵，聽翠竹敲窗之音，觀迎風冬梅之姿，真乃靜中有動，動中有靜。

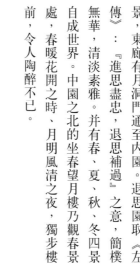

九一　退思園內園

內園以水池為中心，環池布置假山、亭閣、舫榭和花木。過中園之月洞門，乃水香榭，榭內立屏置鏡，映內園景色。水香榭依牆向北用廊連接攬景閣，登樓憑欄，滿園之景一覽無餘。攬景閣向東用廊軒相接退思草堂，草堂前有寬敞平臺是園內主要觀景點。水香榭向南，蜿蜒折廊沿池岸東轉，將鬧紅一舸、辛臺等建築聯係起來。園內建築尺度得宜，玲瓏小巧，如出水上，故內園又有『貼水園』之稱。

九二　退思園菰雨生涼

菰雨生涼位于內園東南角，是夏日納涼極佳處。菰雨生涼名取意于『三潭印月』聯句『涼風生菰葉，細雨落平波』。該廳呈前後兩部分，中置屏門，正中屏上置鏡，屏前放香妃榻，臨水長窗下檻夏天可取下。逢盛夏倚榻，只覺風聲足下起，觀鏡似內園還有園中園，幽深莫測，菰雨生涼。

九三　退思園桂花庭院

在內園西南隅有一桂花廳，又稱『天香秋滿』，觀秋景是地也。其北有桂花庭院，庭周遍植叢桂，盈室繞階，馥鬱芬芳，此乃『天香秋滿』意境所在。還有紅楓、金桂等樹，更添金秋之多姿。庭東牆有漏窗，窗外假山錯落，也與庭園內湖石相映成趣。

九四　退思園花瓶鋪地

花瓶鋪地于退思園內園。圖底是深色條磚側砌成龜背紋而內鋪淺色塊石的幾何樣式，中心圖案花瓶，則用瓦片和條磚鑲嵌在白色卵石之中，周以圓形。由于材料和圖形上的區別，重點突出。花瓶在中國古代傳統習俗中，有智福圓滿、平平安安之意，此亦為中國晚期私家園林運用象征手法表意的一種體現。

九五　寄暢園主景

寄暢園位于江蘇無錫西郊惠山山麓，始建于明正德年間，舊名鳳谷行窩，後于明隆慶年間改名寄暢園。清咸豐十年（公元一八六〇年）毀于太平天國之役，今園內建築物為後來重建，但布局仍存舊貌。園門臨惠山街，入園後穿竹林越月洞門（于東，圖片左上方），一園山水悉呈眼前，水陂『錦匯漪』和其西岸假山，是全園的中心所在。這山水格局亦江南私家園林巧于因藉的最好範例。晴天時，東南方向錫山上的龍光寺塔倒影水中，即便雨天，塔亦依稀可見；而假山則以惠山為天然背景，巧引澗水，精心構築，宛若天成。

九六　寄暢園錦匯漪

錦匯漪呈南北狹長形，但巧設布局而使得水面聚而不散，流動而有景深。一是在池北，斜架七星橋，不僅打破簡單的環池流綫，而且增加了水的層次；二是在池中央，東岸伸出一方建知魚檻方亭，西岸突出一塊呈鶴步灘，兩者相對作蜂腰狀收縮，似隔還連，婉轉不斷；三是在西岸北接鶴步灘處，設一貼近水面的小平橋，又形成山腳下之泉池，深邃自成一景。

九七　寄暢園鶴步灘

鶴步灘是對景知魚檻的一處灘地，由石磯、點步石伸出而成，自然隨意處可見匠心獨運。尤鶴步灘上臨水大樹，婀娜多姿，伸手可及，不僅在空間上因和知魚檻幾近相接而成分隔水面之用，而且坐灘玩之，也極具情趣。

九八　寄暢園八音澗

八音澗是清代而成的假山，假山間疊石為澗。山石高起處，上有滴水，下臨石澗，因水有高差而成濺濺水聲；平起一塊為石澗的分水石，亦成跨澗之步石。八音之名出自《周禮・春官》：『播之以八音，金、石、土、革、絲、木、匏、竹』。

九九　寄暢園假山

寄暢園假山用粗樸的黃石堆砌，建于惠山之麓，因疊石引水獨具匠心，形成山澗峽谷、山脚池岸或林泉峰巒。此處為假山北端出口，仿佛深山大峽之端，實乃人高過半，主要因尺度處理較好，加之草木皆宜，遂成自然渾厚之情景。

一〇〇 燕園之景

燕園位于江蘇常熟古城辛峰巷靈公殿之西，又名燕谷園、張園。它是乾隆年間福建臺澎觀察使兼學政蔣元樞回常熟後闢建的私園，取『燕子歸巢』之意而名燕園。至光緒年間，外務部張鴻購得此園，大加修葺并易名為『張園』，自號『燕谷老人』。燕園以古、小、巧、精為特點，當列常熟私園之首。今所見燕園建築雖均為公元一九八〇年以後陸續修成，但仍保持此風格。園呈狹長形，南北兩端為建築庭院，中為山池。此為南端桂花廳，廳西與廊相接，再接西廊圍繞園林。建築灰瓦白牆，甚質樸；廊廡空透小巧，精緻而疏朗。

一〇一 燕園燕谷

燕園中心乃著名燕谷所在，為戈裕良運石而作。燕谷用常熟虞山黃石疊成，體量不大，高不過五米，但采用黃石勾帶如造拱橋之法堆出山洞，外則以大塊豎石為石脉紋理，山頂植樹，山下有澗谷，自然如天然渾成。

一〇二 燕園石洞

燕園燕谷石洞短而小，但做法獨特，它用大小石塊環上勾搭，并以大塊豎石為骨架、以斧劈小石綴補構成。洞內置石桌和石凳，上方天光直瀉，頗有真趣。戈裕良一生所疊假山多為湖石，而此采用黃石，故尤為珍貴。

一〇三　燕園白皮松

燕園南端桂花廳前有湖石假山及池水一處。山上植白皮松一株，歷數百年仍蒼勁挺拔，頗名貴。樹石下池水如鏡，只見白皮松倒映其間，湖石之素白淡雅和名樹之色白古老相映成趣，別有一番天地。

一〇四　曾園水景

曾園在常熟西城九萬圩，為清刑部郎中曾之撰所建。此處原是明代『小輞川』遺址，後稱曾家花園，或曰曾園、虛廓園。曾園以水面為中心，水係從城河引入的活水，同時借景西北方向虞山得天然之趣。清池南側巧架水榭、水上構亭設橋。由于水面大，建築疏朗，又有遠山襯托，園似無邊無際而成虛廓，煞是開闊怡人。清末民初著名小說家曾樸寓居此園多年，所作《孽海花》、《魯男子》均在此園構思完成。

一〇五　曾園小橋流水

曾園得天然之趣，還在于樹木繁多、四時景異。而且在布局上不似蘇州私家園林人為劃分或創造空間豐富，而是寫鄉村美景，抒自然之情。運用小橋流水這江南鄉鎮之景色于園中，原橋是木欄紅橋，橋下池中蓮荷蓬生，親切、自然。

一〇六　曾園石洲

曾園現存諸景不少都帶有鄉間野趣，如『虚廓村居』、『歸耕課讀廬』、『水天閑話』等，其中『虚廓子濯足處』更是迷人。此處在池東，為壘疊假山又延伸至水面的石洲，一側立石镌刻『虚廓子濯足處』。池岸和假山結合一體，若登臨假山之頂，還可俯視石洲。北岸桃花盛開，伸枝招展，美艷絶倫。

一〇七　曾園虚廓村居

虚廓村居是曾園一景，也是一園中園。村居内用廊廡和樓閣、廳堂形成重重院落，院中有古樹翠竹、山石花臺，是一處寧静的休息場所。建築采用當地民居形式，清新簡潔。

一〇八　曾園行廊

曾園虚廓村居有兩座主要建築，一是廳堂，一是看樓，均臨池布局。兩座建築之間巧用行廊，既水平聯係，又高下銜接，同時利用兩建築之間的空檔將池水引入村居内，上又做成橋廊。行廊的空透靈活輕巧，又和兩座民居樣式建築的樸實厚重高大形成對比，增加了虚廓村居的趣味。

一○九　瞻園入門對景

瞻園位于江蘇南京城南夫子廟西之瞻園路。園分兩部分，入口于東西兩部分之中。入門先對景，為一湖石立峰，形美質潤，其後用廊子轉折形成兩重小院，層次豐富。循廊而行，往東即為花廳及由建築和庭院組成的東區，房屋輕巧，樹花有景，北端為水池；往西則為原明中山王徐達的別業，均建于明正德年間，今天所存約為當時的一半。現存東西兩部建築均為清同治以後所構，近年經多次維修，園也恢復舊貌。東西兩部過渡和聯係，乃廊子和水池。瞻園園名為清高宗乾隆駐蹕于此所題名。

一一○　瞻園主景

假山主體為瞻園惟一明代遺構，位于園西側之北端。自北而南看，水池蜿蜒呈南北向布局，中隔靜妙堂。北端假山向東伸出，跨短橋和東岸相接；東岸又有水榭挑于水面。兩者錯落呈灘狀臨水，使得瞻園狹長的池岸進退自如、曲折有度。池岸東西兩側，一低一高，亦成高下對比。從而以水池為主的景致乃豐富不已。

一一一　瞻園池東水榭

池東水榭背倚衙署西牆，前臨池水，一實一虛之間，水榭十分得體。水榭南接空廊，後壁又開一門洞連接北行的實廊，此兩端的一實一虛，亦使游人行之有趣，出實廊即短橋折向池西假山。這組建築以水榭為主體，處理十分巧妙，實廊開窗設洞，上搭披檐，宛如民家後門。門前樹石配置，也成一景。

一一二　瞻園靜妙堂

靜妙堂是瞻園主廳，以它為界，水池分為北池和南池，北池開闊，南池幽深，兩池之間以溪流形式于靜妙堂西流通聯係。此為靜妙堂北臨水池，堂前平臺敞朗，不做欄杆，不成直綫，自然地貼近水面，堂前花木扶疏，質野情生。

一一三　瞻園北池山石

北池山景以北端假山為始，于西岸自北而南延伸。越往南，山亦呈土山狀，僅山水之間用石壘成垂直駁岸；而北端假山與土山結合處則作成石磯伸于水面，并與臨池蹊徑結合，成為聳立峭壁的水平基底，效果尤佳。土、石山上均林木茂密，有鄉野氣氛。

一一四　瞻園折橋

在北池掇石而成的假山和西岸土山之間，水彎成窪，上置折橋。它不僅將流綫方便由假山引導至西岸，而且增加了水面的層次。假山與西岸之間實際跨距很小，但因橋曲折有韵，又親近水面，從而增加了此處水面的尺度和平闊。

一一五　瞻園南池假山

南池假山向北而立，全用太湖石壘成，但山之主體縱向紋理顯見，參差有致，從而形成危崖、峭壁、鐘乳懸石等既雄渾又秀潤的景致。又用獨特手法三：一是隔山咫尺置步石，環池岸，使山體景深加大，具有層次；二是漫延池水入鐘乳石洞，使水有深邃不盡之感；三是假山上林木濃翠，氣象萬千，從而此一汪幽池假山，達到『雖由人作，宛自天開』的境界。

一一六　煦園入口

煦園位于南京長江路二九二號。清乾隆年間，此地屬行宮花園，道光間修建成煦園，太平天國時又成為洪秀全天王府的一部分，因位于天王府西側，又稱西花園。自太平天國王府大堂西行，為一進入煦園前的過渡小院。其作用一是在路綫上用斜向小路將王府和煦園連接起來；二是從闊敞高大的王府抵平靜安然的花園，有了空間上的過渡。小院端頭為圓洞門，透過它可見飛檐翹角的屋宇和動靜相宜的花石。（王建國攝）

一一七　煦園主景

園中有兩區南北向的景區。園東靠近王府一區主要由建築庭院組成，最前面的桐音館前後均置假山；西一區布局以水池為中心，池南端水中有石舫一座，名曰『不繫舟』，有橋通至其平臺；東岸有忘飛閣臨水而立；斜對忘飛閣有西岸夕佳樓；正對不繫舟之北有水中漪瀾閣。此自西岸隔水望東區和東岸，雖是瑞雪覆屋，仍古木參天，生機盎然。（王建國攝）

一一八　煦園忘飛閣

忘飛閣在池東，此建築曰閣實為一大廳，中間一間伸出水面而成水榭。自水面觀之，輪廓豐富，水榭重點突出；若從室內而望，則滿眼亮堂，尤水榭伸向水面，三周環水開窗，可觀整個水景。（王建國攝）

一一九　煦園桐音館

園東一區的主體建築是桐音館，前後各構湖石假山一座作為此館對景。此為館後假山，有石磴可上。假山屏立之中形成石屋，現石上嵌有道光年間所刻『印心石屋』之碑。亭西側為棕櫚亭，係一草亭，在白雪覆蓋下呈一白色斗笠狀。（王建國攝）

一二〇　煦園鴛鴦亭

鴛鴦亭在桐音館前西南方向，是一套方攢尖雙亭。下以湖石假山引階而上。鴛鴦亭比例小巧玲瓏，但和環境關係孤立，似一小島上的惺惺相惜的鴛鴦，所幸有濃蔭庇護，構成一幅精緻的畫面。煦園建築類型繁多，各派其用，相對而言却不作整體空間分割，整體布局有天王府園林開闊遺意。

一二一　个園入口

个園坐落在江蘇揚州東關街，是『揚州以名園勝，名園以疊石勝』的佳例。園內山石是个園前身『壽芝園』的遺物，相傳其時疊石出于石濤之手。嘉慶時，兩淮商總黃應泰為仿效古人『寧可食無肉，不可居無竹，無肉令人瘦，無竹使人俗』之意，以竹表示俊逸不俗，故園內廣植修竹，并取竹葉形象而名个園。此為入口處，修竹引路，石笋玉立，『个園』二字高嵌門上，清新點題。

一二二　个園春景圖

進園湖石依門，修竹迎面，穿行而過，即抵花廳『宜雨軒』。个園以寫四時之景為特色，此為觀春景最佳地。自廳之門罩向北看，『壺天自春』撲面而來，廳的前後均以竹石為圖，仿佛竹笋在春雨後破土而出。廳東則叢植四季有景的花樹，予人以春色常在的印象。廳內門罩花飾以竹葉，內外和諧，春意盎然。

一二三　个園夏景圖

過春景，繞桂花廳西北行，前面出現的乃一座以湖石疊成的玲瓏剔透的『夏山』。山峰峭立臨水，清流環繞，山頂秀木繁蔭，樹下置亭。休憩此亭，只聽山下水聲淙淙，山洞風嘯；可見疊石停雲，玉蘭濃蔭，涼爽怡人。夏山變幻無窮，却都以『秀』為要旨，魅力無窮。

一二四　个園秋景圖

秋山最具畫意。一用黃石和楓樹寫金秋之色；二是疊石注重立體交通，時洞時天，上下盤旋造意極險；三是分峰置山，中峰又分三層，下洞如入深山石林，復置飛梁石室、石門，又有石窗、石床、石桌等，中洞四面凌空，至上有住秋閣，甚為陡峭。整個秋山遠觀氣勢磅礴，親臨峻險嶙峋，令人忘却置身于城市私園假山中，十分逼真。夏、秋兩山之間，通過『天橋』（長樓廊）飛渡。

一二五　个園冬景圖

冬景是个園的最後一處景致，園也游至最後，進『透風漏雨軒』小憩，便可見其南小院內的冬景。冬景是大膽選用色白體渾的宣石疊小山形成主景，宣石含大量石英顆粒，陽光下閃閃光澤如雪後初晴。若走出軒外賞『雪』，偶尔陣風吹拂，哨聲隱約，原來在雪山後面的高牆上開了四排尺許大的圓洞，每排六個，由于牆外巷狹牆高，故風入洞內氣流加速，呼呼作響。這種運用色、形和聽覺以造景的象徵手法，是我國晚期私家園林的特色之一。

一二六　寄嘯山莊入口

寄嘯山莊位于揚州市東南隅徐凝門花園巷，係光緒年間官僚何芷舫所建宅園，俗稱何園。由于園主曾任清朝駐法使節，建築裝修受一定外來影響。此園還是揚州園林中使用大量樓房的典型實例，園周皆繞以樓房，故入口兩側高牆聳立，但圓洞門開設小巧，比例適宜，門後虛廊錯立，樹石有致，別有趣味。

一二七　寄綉山莊玉綉樓

玉綉樓是宅第部份，高大敞朗，前院古樹濃蔭，樓對面院牆乃宅園之樓廊牆壁，牆上設梅花窗洞。在園中樓廊行走，即可對望玉綉樓。

一二八　寄嘯山莊東區

寄嘯山莊園林分為東西兩區，中以二層樓的復廊相隔。東區以花廳為中心，四周繞以樓廊、亭和湖石假山等。東區以室內活動為主，故建築大且繁多，院則鋪地整潔、細緻。廳後疊假山，有磴道可上下，登山而東可至待月亭，西行則可登小樓，樓與二層復廊相通可轉至西部樓上。

一二九　寄嘯山莊東區鋪地

東區自樓廊向下看，只見地面用卵石鋪成樹鹿圖案，刻畫生動，鹿或行走、或奔跑、或四望，構圖穿插有致，又用樹進行畫面劃分，表現不俗。

一三〇　寄嘯山莊西區

西區以游觀為主、以水池為中心進行布局。池面開闊，池北一樓中間三間附兩翼，俗稱蝴蝶廳；池東水中設一方亭，可演戲；池西疊湖石假山，與池東方亭相對應。該區三面環樓，樓面水均有廊，人可俯視園景、觀覽演出。這種用大型建築樓廊以供俯視園景的做法，在私家園林中惟此孤例。

一三一　寄嘯山莊方亭

方亭是西區一別出心裁的水中建築，體量較大，但設置位置較好。近東端靠北，面西有臺朝向大水面，其北側用假山和池岸相接，南側以橋聯係南岸。從而水池由于此亭形成大、小水面之隔，近東端水幽曲折。亭子本身基周輔以山石，點綴花草，亦成為假山延續的一部分，在亭中唱戲，可藉水面折射聲音，音質尤佳。

一三二　片石山房假山

片石山房在揚州花園巷，毗鄰寄嘯山莊，為光緒九年（公元一八八三年）寄嘯山莊主人何芷舫購得。相傳片石山房假山係清初大畫家石濤所構。假山于池北，稱萬石園，但萬石園早已焚殆，惟假山和池南的楠木廳幸留，故該假山被人稱為石濤疊山的『人間孤本』，甚奇峭。

一三三　片石山房楠木廳

池南岸園東端有楠木廳一座，三開間，渾厚端莊，係揚州民居廳堂做法。廳前平臺臨池，貼近水面。一房一山隔池對望，并和平靜如鏡的水面一同構成幽靜的片石山房。

一三四　小盤谷鳥瞰

小盤谷在揚州市區大樹巷，建于清光緒年間，為兩江總督周馥依舊園重建，其後屢易其主，公元一九七四年以後改為招待所。園自北向南呈長條形，從北端小樓向下看，池西土體建築變化有致，由于地形狹窄，主體建築作曲尺形平面，臨池一面作歇山而靠牆一面作硬山，頗為成功。池東為假山，池上架·曲橋，渡橋可入假山洞。該園虛實均衡，疏密相宜，園小而清幽。

一三五　小盤谷雲牆小院

小盤谷其園位于住宅東側，自宅入園有一雲牆高聳的小院，穿其而過，進瓶門便為園東部分。雲牆活潑有變化，雲端下牆面上還附有堆塑的捲草如意，綫條流暢，加之牆下有漏窗、瓶門，使該雲牆小院生動有趣。

一三六　匏廬庭院

匏廬位于揚州市甘泉路八一號，是住宅內船廳前的庭園。庭園分為兩部分，透過『匏廬』圓洞門可見東部庭園，堆土壘石為小山，山上綴以花木，庭前用屋廊圍合和過渡。

一三七　匏廬西部池軒

匏廬西部庭園于西南一角鑿小池一方，池上作小軒，雖只有幾平方米的面積，却似水閣一角，加上池南倚牆有假山壘築，池邊有小路繞池，上有濃蔭蔽日，仿若幽林深處，有小中見大之感。

一三八　匏廬水中天

匏廬東部庭園轉北有一方小池，池中有湖石點綴，又因池緊挨船廳山面，故水中有飛檐屋角倒映，中空一方水中天別有情趣。池中綠藻紅魚，更添無限趣意。

一三九　喬園數魚亭

喬園在江蘇泰州市區海陵南路，明萬曆年間進士陳應芳創建，題名曰涉園，其後屢易其主，後歸兩淮鹽運使喬松年，故俗稱喬園。園在宅之後，分成南北兩區。南區較大，以山響草堂為主體，廳前湖石假山為對景。山上東亭為數魚亭，和西亭半亭相呼應。山上留有古柏一株，樹齡與園齡相當，可証此山仍為萬曆遺物。

一四〇　喬園綆汲堂

喬園北區較小，基址却較高，和南端假山隔堂相望而得園之平衡。此區以綆汲堂為主體，堂名取『汲古得修綆』之意，是讀書明志的地方。周圍樹石環抱，十分幽靜。喬園緊湊得體，兼得南北之趣。在布局上和北京有些私園一樣，有南北軸綫，又有前後高下呼應；但在疊山理水處，又具江南私園之法，為蘇北私園的典型代表。

一四一　天一閣

浙江寧波天一閣，原是明兵部右侍郎范欽的藏書處，建于嘉靖年間，是我國現存歷史最久的藏書樓。樓取『天一生水』的説法，以水制火以免書樓火患，得名『天一閣』。又因『天一生水，地六成之』的中國風水之説，而樓制為六開間，成為書樓一種特有的形制，後為多處藏書樓所效仿。

一四二　天一閣假山池亭

天一閣增構池亭是清康熙年間范欽曾孫范光文所為。樓前假山左側一亭位置較高，從樓之左側有石徑可上，于亭處可憩息讀書，又可經亭進入假山深處。

一四三　天一閣假山石

天一閣假山石是民國以後所修，有具象特點，或呈『一象九獅』動物之態，或如『福』、『祿』、『壽』之草書。此圖片左上方為一石獅，舌吐盆唇；正中為牧羊圖，也十分形象。這種假山石的疊石方法和意念與唐宋元明時有很大不同，是中國封建末期或再後的疊山表現。

一四四　天一閣水池

天一閣前有水池，既可蓄水防火，又可形成清麗優雅的環境。樓隔水為假山，有些假山石依水勢而下，形成池中一景，同時山水結合，打破了方池的人工綫條，平添情趣。

一四五　天一閣蘭亭

天一閣前另一小亭于樓右側山脚，名『蘭亭』。該亭實為半亭，既可從樓前平臺抵達，又有石徑和假山相連。左右兩亭一高一低，相互對望，山上樟樹濃蔭蔽日，樹下山石成橋狀延至水中，成為兩亭之間空間上的自然分隔，有天然景象。

一四六　文瀾閣

文瀾閣位于浙江杭州市孤山南麓，創建于清乾隆年間，是收藏《四庫全書》的七閣之一，咸豐年間被毀，光緒六年（公元一八八〇年）重建。文瀾閣形制仿寧波天一閣，六開間，樓前有水池假山。整個規模和樓的高度都比天一閣大和高，并以水池為中心，形成一個寬敞的庭園。

一四七　文瀾閣西長廊

文瀾閣前庭園是以水池為中心的，池東有碑亭，池西為長廊。此為連接閣之山牆西端并轉而面向水池的西長廊，長廊的另一端連接池南供閱讀之用的書齋。

一四八　文瀾閣前院假山山道

書齋南向為文瀾閣前院，院中疊石假山作為書齋與大門之間的屏障。在假山中間，略呈彎曲狀設一山道（洞），可以方便穿行和聯係兩建築。山道卵石鋪地，大門和書齋的下一層臺階均用自然山石，對比強烈又過渡自然，并似假山山脚餘脉，是處理較好的地面鋪裝。

一四九　郭莊一鏡天開

郭莊在杭州西湖西山路卧龍橋北，濱西湖之裏湖西岸。郭莊一名汾陽別墅，原為清代綢商宋端甫所築，稱端友別墅，後歸郭氏。郭莊曾一度毀壞嚴重，一九九〇年後經修繕對外開放。格局大致如舊，為杭州池館中最賦古趣者。郭莊依南北向沿湖長向布局。原郭莊門在南面，現大門在東側西山路上。若從原門進園，『一鏡天開』水池遼闊，跨于水上的兩宜軒將大水面分為南北兩處。

一五〇　郭莊兩宜軒

兩宜軒實為橋廊，跨于水上，軒下南北兩區水流互通。于軒内啜茗，南北風光盡收眼底，為『兩宜』之處。軒内正中一架面南呈半圓形，檐下廣置門窗，視野開闊，『一鏡天開』之平闊和西湖之天光水色，一覽無餘，為一般江南私家園林少見敞朗景象。

一五一　郭莊沿湖景致之一

郭莊最大特色乃西邊沿湖布局。沿湖自南而北有三處將西湖水通至園內。此一處為建于水洞假山上的賞風邀月閣。閣上是觀覽園內外景色的最佳處，閣下湖水、池水相通，并有水閘門可進行控制。此處假山壘疊合理有致，一用假山起拱成洞狀；二用假山架起如水上飛閣；三用假山延伸至池中水面，做成點步石，從而將水面創造出空間層次。

一五二　郭莊沿湖景致之二

郭莊沿湖設置有進有退、敞閉自如、有高有下、虛實相間。此處運用假山石分界園內外，并選用空透秀氣的湖石和厚實凝重的山石結合，從樹石的空隙中還可遠借蘇堤的壓堤橋。這種不拘一格、成景于借的做法，使郭莊顯得空靈廣袤。

一五三　郭莊沿湖景致之三

郭莊沿湖有三處是運用平臺和西湖相接的。此處于錦蘇樓前，錦蘇樓是一幢二層樓，前有卵石鋪地小院，穿過小院『邀悅』圓洞門，即瀕水平臺，上置石桌椅。晴時把酒邀月，清風送爽；雨時水拍駁岸，浪聲濤濤。遠景蘇堤和壓堤橋，或清晰或依稀可見，甚具詩意。

一五四 郭莊北區

郭莊北區以水面為中心，向心布置有南側『兩宜軒』；北側『雪香分春』和『雨山爽氣』兩庭院；西側『卷舒自如亭』和『錦蘇樓』；東側現入口一組建築。北區和南區相比，南『一鏡天開』、開闊平靜，和西湖相通；北幽靜曲折、相對閉合，和西湖有錦蘇樓相隔。惟南區、北區水面在兩宜軒側成汊彎相接，上置點步石和湖石，形成水景深幽之感。

一五五 小蓮莊入口

小蓮莊位于浙江吳興南潯鎮南珊萬古橋西，是清末劉鏞的私園和家廟，一為劉園。始建于公元一八八五年，慕元末書畫家趙孟頫『蓮花莊』之名而為『小蓮莊』。入口于西北角，園池北岸柳堤平直豁然，非一般江南私家園林之奥曲，且園內外相互聯係，幾乎無分，處理自然有序。此入口外是水碼頭和鷓鴣溪，而在水碼頭和園之一角，水通過釣魚臺流入內蓮花池，在釣魚臺處不做硬性分隔，而是置假山、栽綠樹，樹又臨園外溪水而摇曳，于是園內園外均成景色。

一五六 小蓮莊蓮花池

小蓮莊園林部分分為外園和內園。外園以十畝大的蓮花池為主，四岸布置樓臺亭閣、橋堤樹石。蓮花池水面開闊宛如村景，夏日池中蓮花盛開，憩于涼亭觀賞荷風，最宜消暑，有天然之趣。池西有水榭和『淨香石窟』隔池可觀。

一五七　小蓮莊圓亭

小蓮莊蓮花池南有退修小榭、圓亭，由曲廊相連。此圓亭造型別致，小巧又莊重，成為池南一重點休憩之處，圓亭檻上有美人靠，清風送爽。此處是觀景賞荷場所，隔池北岸的六角亭和長長的柳堤、西岸的淨香詩窟等一組主要建築群、東岸的曲橋半島等，也盡收眼底。

一五八　小蓮莊釣魚臺

釣魚臺在園東端，內園之外側、外園之池水延伸處。蓮花池經由東岸折橋流向釣魚臺前的一方小池，十分幽靜。小池東端設釣魚臺，臺上有人工條石，可坐而行釣，臺下用自然湖石起墩架臺，是一種自然和人工結合較好的做法。

一五九　小蓮莊內園

內園位于園之東南角，以假山為中心布局。外園和內園不是斷然隔開，此處用廊榭架于內外池水相通處，并由荷花池的大水面經此轉而曲折深邃的小水面，隔而不斷。榭上開窗洞，亦成內外園景的交匯點。但連接廊榭的北牆則又實實在在將內園和外園分開，形成虛實對比。整個小蓮莊內外有序又相互諧調，景致空透又賦自然品味。

一六〇　青藤書屋外庭院

青藤書屋在浙江紹興市觀巷大乘弄，原是明代徐渭（青藤道士）的故居，屋主即徐渭之父徐鏓，其時名榴花書屋。明末清初畫家陳洪綬居此，手書『青藤書屋』匾并改稱現名。明之後，陳氏出家，書屋蔓為荒草。清代乾隆、嘉慶年間才又重修和擴建，時有八景。其中『自在岩』一景仍在青藤書屋外庭院。外庭院現有卵石鋪地引導至『天溪和源』，入洞門即為書屋內庭院，外庭院書屋山牆上有假山相依成『自在岩』一景，前有修篁扶搖，十分雅靜。

一六一　青藤書屋內庭院

內庭院在書屋前有方池靜水，廣不盈尺，不溢不涸，稱為『天池』。其上書屋懸出部分用『砥柱中流』短柱支撐，平淡中滿溢氣勢。池旁有石榴樹及徐渭手植青藤一株，為『漱藤阿』一景。書屋下檻透空、窗扇可摘，于屋中讀書，脚下波瀾不驚却涼風四起。書屋檐柱有聯：『一池金玉如如化；滿眼青黃色色真』。意境廣闊。

一六二　蘭亭竹徑

蘭亭在紹興市區西南十四公里的蘭渚山下。蘭亭所在地本是越王勾踐種植蘭草之處，漢代因置驛亭而有蘭亭之稱。東晉永和九年（公元三五三年）王羲之等四十一位名士于此流觴賦詩并由王羲之寫就著名的《蘭亭集序》而名聲大噪。蘭亭不是一般的私家園林，却因和王羲之個人活動之種種發生關係而成園林，影響很大。宋代蘭亭約在今蘭亭的西側蘭渚山麓，蘭亭位置下移是明代嘉靖年間的事，清康熙年間又再度重建。現蘭亭地處田野，由小道和曲徑引向縱深處。或許因《蘭亭集序》中所述：『此地有崇山峻

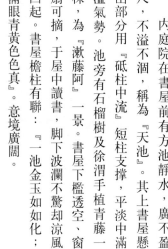

嶺，茂林修竹，又有清流急湍，映帶左右，引以為曲水流觴』，竹、水成為蘭亭的景致主題。竹徑是入門後的一條引導綫，路綫婉轉流暢，邊植大片竹林，引人入勝。

一六三 蘭亭鵝池

穿過竹徑，抵一寬敞平臺，後為鵝池，至此成為蘭亭前區。相傳王羲之愛鵝，故作池蓄鵝。鵝池後堆土壘石作小山，成為前、後區之屏障，山上林木茂盛，背襯自然群山，宛如天成。池水環山繞轉，山因水活，水因山柔。

一六四 蘭亭

過鵝池渡曲橋，竹徑又引導至一敞亮處，乃方形單檐盝頂蘭亭，後臨小鵝池。該亭造型別致大方，亭中立碑鐫刻康熙所寫『蘭亭』二字。池岸均植修竹，亭前又有竹徑引導，使這蘭亭玉立之中有無限生機。

一六五 蘭亭曲水流觴處

曲水流觴處是後區中心，再現東晉時王羲之等修禊之雅事。該曲水連通山前鵝池，因水槽有坡度而水自然流動，觴可漂流或行之有止，于是行罰酒賦詩之事。曲水流觴處面對後區主體建築流觴亭，成為游覽蘭亭的高潮處。

一六六　蘭亭王佑軍祠

王佑軍祠于後區一側，由門、堂與兩廡形成水院，水池名墨華池，池上有亭，曰『墨華亭』。祠周以水渠，祠前以荷池相擁。祠外池水與祠內墨華池水及曲水流觴處、鵝池等均或明或暗相通。整個蘭亭水系設置合理有序，內外兼合，水水相通成活水，并和田野相連。

一六七　豫園捲雨樓

豫園位于上海南市區，初建于明嘉靖三十八年（公元一五五九年），後于萬曆五年（公元一五七七年）擴建。園主潘允瑞以『豫悅老親』之意取名豫園。明末後屢易其主，商業建築也摻雜其間。捲雨樓是豫園山水間的大型樓閣，北面隔池與假山對景，面對假山的北側設水閣。捲雨樓建築形體變化豐富，屋角輕巧起翹；上層遍設窗扇，下層周以迴廊，使偌大的樓閣顯得活潑輕盈。此處也是欣賞山池的最佳觀賞點。

一六八　豫園內園

豫園于清乾隆年間又由當地士紳集資重修，劃歸城隍廟。內園是城隍廟後花園，占地二畝，園內以晴雪堂為主體，并有溪流與廊、亭、花牆、假山組成小庭院，變化豐富，活潑可愛。

一六九　餘蔭山房畫橋

餘蔭山房又名餘蔭園，在廣東番禺。清末舉人鄔彬（燕天）為紀念祖先餘蔭所造。園以水庭院為中心，池平整，荷飄香，不意曲折而取靈巧。整個水庭院以畫橋『浣紅跨綠』為分隔，把園分為東西兩部。西部開朗，碧水曰『蓮池』；東部池中築八角亭，可八面觀景。自西往東看，畫橋中心突出，高下起伏，圓拱橋洞下則將東西兩部水池貫通起來。餘蔭山房是典型的嶺南庭院式私家園林。

一七〇　餘蔭山房深柳堂

深柳堂在西部池北，是餘蔭山房的主要建築，隔池和臨池別館對望。深柳堂前古藤蒼勁，深柳堂內木雕精美，且門罩亦作古藤枝葉盤曲狀，頗得綠深柳蒼之意。

一七一　餘蔭山房深柳堂裝修

深柳堂內屏門裝修采用木雕和繪畫結合的方法。屏門劃分成若干格子，每個格子畫卷形式和內容不一，但都鑲嵌在花飾木雕格子內，獲得統一格調。此格繪畫為具有嶺南特色的荔枝，畫面作腰鼓狀，外四拼龜背紋花飾木雕板，清新明快，雅麗精美。

一七二　可園門廳

可園在廣東東莞南城郊博廈。園原是冒氏宅園，道光末年（公元一八五〇年）張敬修購此地築可園。入口在東南一角，前有一小廣場。門廳是入口一區建築的軸心，門廳左有過廳、門房和草草草堂；門廳右有過廳、門房和蔔葡林堂；門廳後為擘紅小榭。穿過此廳進入，便是由建築沿不規則邊綫建造組成的大庭園。門廳凹進成重點處理，簡潔合理。

一七三　可園邀山閣

可園呈不規則形，分為兩區：西區和北區。西區最高建築邀山閣，亦整個園的標志和中心，四層高，拾級登樓可觀四周景色。邀山閣前是雙清室，平面呈『亞』字形，結構奇巧，四角設門，便于設宴。由庭院通往雙清室的是湛明橋，跨于『曲江』水池之上。于橋上、雙清室、邀山閣，是觀可園庭園主景的最佳場所。

一七四　可園觀魚簃

觀魚簃于可園北區，是沿可湖所造建築之一。可湖一組建築，環境優美，是游覽、居住、讀書、繪畫、吟詩的地方。這一區通過臨湖游廊將向內庭院的建築轉向湖上建築。高起的二層樓雛月池館船廳端接游廊，并由船廳連接觀魚簃、釣魚臺。觀魚簃前原有花架，并有步級與水面接觸，階級前備有可舟，乘舟可游覽可湖烟水佳色。

一七五　清暉園碧溪草堂

清暉園坐落在廣東順德縣城大良鎮，建于清嘉慶五年（公元一八〇〇年）。為順德人龍適槐所造。園仿蘇州園林風格又巧妙借景和利用嶺南特有植物構成幽美景區。前部為庭園，後部作居室。碧溪草堂位于前區，是除船廳外的另一重要建築。碧溪草堂建于道光年間，于廣池一角，由廊穿引而至。草堂的圓光罩、美人靠下木雕板及窗檻之磚雕，均為精刻之作。周圍花木繁盛，綠樹參天，于此品茗，滿眼清亮。

一七六　清暉園綠雲深處

綠雲深處是清暉園前部與後部的過渡小院，此院以湖石一塊作主景，前為廊，另三邊為磚牆。廊檐下雕有具嶺南特色的通長木雕花雀替，院後牆上設透空花窗。通過該小院，將前部庭園充溢南國清韵的花香果香，引向綠蔭深處。

一七七　梁園十二石

梁園又名十二石齋，位于廣東佛山松風路先鋒古道，建于清嘉慶、道光年間。原為詩人程可則故址。後順德名士梁九圖在此讀書。一次游衡湘南歸時，舟過清遠，得十二石。梁氏載石而歸後，以七星岩石磐貯水蓄于齋前，題名『十二石齋』。現園中巧布太

湖、靈壁、英德等石，各石企卧有序、峰嶺互應，構成散放石景的石庭特有布局。圖左為群星草堂，圖右建築為日盛書屋。

一七八　梁園日盛書屋

日盛書屋是故主人的讀書處，在石庭院和水景區的交接處。書屋內牆為清水磚，室內無雕刻之作，清雅簡樸。窗外芭蕉挺立，晴日遮陽蔽日，雨天雨打芭蕉，于此讀書，獨有情趣。

一七九　林家花園榕蔭大池

林家花園在臺灣臺北市板橋、流芳里西門街。是林氏祖先林應寅之孫國華、國芳同產共居共建。國華、國芳兄弟友愛，號曰『本源』，取『飲水思源』之意，故林家花園又稱林本源宅園。清道光、咸豐年間，林本源建『三落舊大厝』，花園于舊大厝之東側。光緒年間，國華之子林維讓建『新大厝五落』，林家花園也進行擴建，成為規模宏大的林家花園。日占期間，花園破壞甚重，現為一九八〇年中期重修後之面貌。園有八景區，此為最北一區『榕蔭大池』，在舊大厝之東。池北岸用泥灰塑帶狀假山，北有榕樹杈椏優美，仿林家故里漳州山水。（閻亞寧攝）

一八〇　林家花園雲景淙

雲景淙在榕蔭大池一區，是分隔大池的橋亭部分。穿過榕蔭大池一區院牆門洞觀之，亭高立于臺上，端以橋、臺相接。亭臨池有美人靠，可坐而觀景。（閻亞寧攝）

一八一　林家花園酒壺窗洞

林家花園在景區組織上受江南私家園林影響，但在庭園內及裝飾上，充分顯示了嶺南風格。這一牆垣上的酒壺窗洞，形象逼真，又兼合大小如意花紋而行之，石、泥灰塑并用，獨具特色。（閻亞寧攝）

皖南私家園林（李國強攝）

一八二　青雲軒庭園

青雲軒是安徽黟縣西遞村民宅的一幢布局小巧的便廳，原屬民居之附屬部分，現獨立出來對外開放。始建于同治年間，距今一百二十年左右。主人先前在北京經商，此建築格局采用四合院形式，可能受北京四合院影響。青雲軒門為滿月門洞，前有廊。自內向外看，庭院以牡丹花臺為中心，入大門左側有假山，餘盆景散置，情趣盎然。青雲軒庭園之月洞門、牡丹花臺設置取意『花好月圓』。

一八三　德義堂庭園

德義堂在黟縣宏村，宅院坐南朝北。建築建于清末。上為樓下為廳堂，廳堂前十六扇門窗可開啓，一扇小門有聯曰：『池中歲月色，庭上放書聲』。堂前一方池塘，兩邊為石條凳，另一邊為院牆，前隔池對景小水榭。水榭左側為大門。建築小巧精緻，庭園熠熠生輝。

一八四　德義堂庭園一角

從德義堂回看庭園一角，只見方池上水榭『臨淵』，該水榭做法簡單又獨特。實際上是利用一般坡頂房子的一個開間而成，用小木作置美人靠、掛落和檻牆。中間一開間亦用小木作法設屏為入門對景，另一開間空置，可通向德義堂。池一側院牆上則設漏窗、開門洞。窗攀另院的獼猴桃藤，還有木水門，實將方塘水通過暗道與村中水圳相通。該園面積不大，但步移景异，情趣盎然。

一八五　德義堂西花園

德義堂除堂前水池庭園外，自檐下向西則進一開敞的西花園。該園用地較大，內植果木、石花臺、石桌，繁花疏木設置有序，山茶花、梨樹有色有姿，背襯德義堂山牆和水院院牆，成為精緻畫面。東、西兩園，一為水景，一為樹色；一因主體房屋面北而使園狹而暗，一則因白牆生色更顯園之明亮。兩相對照，互生意趣。

一八六　西園

坐落在黟縣西遞村的西園，是清道光年間知府胡文照建造的宅居，園實為一狹長的庭院，并通過此庭院將一字排開的三幢樓房連貫成一個整體。庭院中，用磚牆、漏窗分隔成前園、中園、後園。此為前園，山石、花臺、魚池、樹木交相配合呼應，透過『西園』門洞和漏窗，依稀可見中園及中園與後園之間的隔牆。

一八七　西園漏窗

用大型漏窗將狹長的空間和前、中、後園景致進行擴大和流通，是西園的一大特色。同時有了層次分隔，不會一覽無餘。漏窗用磚雕，綫條柔韌又堅挺，花格大小合宜，透過漏窗可見石笋、棕櫚樹、盆景等，呈現出徽派私家園林特色。另外，各門洞上刻有『西園』、『井花香處』、『種春圃』，通過文字一層層引人入勝展開三園，別具一格。

一八八　桃李園

桃李園坐落在黟縣西遞村中，位于一所小巧玲瓏、有前中後三個廳堂組成的三間樓房之側。主人是清代秀才、私塾先生胡允明，建築為教書授業之用。園曰桃李園，取『桃李天下』之意。園有花臺，四時花不斷；園有水池，池泉獨不濁。若遠觀，則山嵐蒼茫；近亦有綉樓在望。

一八九　胡氏宅園

這戶胡氏宅園位于黟縣西遞村頭，建築建于清末民國初期，是一幢二層的樓房。樓前為宅園部分，和樓成軸线關係，前為三層花臺，近樓處為魚池，惟有左邊小路打破了宅、園與院牆的對稱關係。此園枇杷樹高大茂盛，園內濃蔭靜謐。現建築為西遞村藝術館。

一九〇　臨溪別墅

臨溪別墅在黟縣西遞村後溪的溪巷交接處。因地形之故園成三角小院，後為宅，前臨溪，也因此名『臨溪別墅』。此園因地制宜，拐角内的三角形院内，衹作栽植，并于外牆上開設漏窗，讓枝藤臨溪伸展。三角形小院和宅前庭院之間又設牆開門洞，刻有『步蟾』二字。通過庭院組織，將宅之方位、園之景致、内外環境進行了轉換。外牆漏窗圖案均不同，却因有了雕飾的葉形窗和越窗生長的發芽枝藤，使人能感受臨溪別墅的園藝之趣。

一九一　碧園

碧園在黟縣宏村，原主人姓胡，清建宅園，現主人汪氏，公元一九九八年購房住進。園分東、西兩部，中以牆、洞、漏窗相隔。東部以樓池為主，西部以花臺、樹圃為勝。此園巧于因借，登樓而望，遠處山嵐茫茫，白牆矗矗，美景無限。

一九二　碧園燕詒堂

園東以燕詒堂為主，上為樓，前為魚池。堂前一間披屋直下，臨于水上而成水榭。檐下巧設欄杆和美人靠，此處涼風習習，煞是愜意。隔池花臺盆景成對景。魚池周以磚雕檻牆和石凳，有活口可取下拾階而下魚池。池水和宏村之『牛腸』（水圳）相通，為活水。

一九三　承志堂魚塘廳

承志堂坐落在黟縣宏村，為清末大鹽商汪定貴于公元一八五五年前後建造的私家住宅。承志堂規模宏大、布局合理、結構完美、設施齊全、製作精良，并巧用各種小空間。在外觀莊重嚴謹的內部，處處又追求享樂的封閉空間。魚塘廳乃此。魚塘廳在前院一角，由于外部街道、水圳的限制，此一處為不規則庭院。魚塘和外牆成水平與垂直，廳則順應承志堂建築軸綫關係。衹用廳、塘之間的檐下空間和魚塘廳入口過渡空間來處理，看似無序却是非常有序，又用石階自露天的魚塘一直向上通至廳堂，巧妙銜接，十分自然。憑欄可對望廳堂畫和聯『慈孝後先人倫樂地；詩書朝夕學問性天』；亦可隔磚雕漏窗眺望園外，別有一番天地。

一九四　許家廳西花園

許家廳在安徽歙縣斗山街，建築建于清初。平面格局為正中廳堂彩繪，院植桂樹，側瓶門西闢花園，并以漏窗和桂樹小院隔牆而望。許家廳係私塾學屋，正廳為尊孔廳，亦待客之處，樓上為學子讀書室；西邊樓房下供先生住宿，上供先生講經備課之用。花園在邊房之前，面積很小，三邊白牆矗立，一邊正對邊房。但白牆高低有變化，且或設檐、或開窗洞、或成白壁，不顯壓抑，園內也衹植竹、放盆景，小而不塞，反添情趣。邊房衹兩開間，門扇打開，乃成一幅咫尺縮景圖。

一九五　斗山街許氏宅園庭院

歙縣斗山街二十五號許氏宅園，建于清末，現主人為王世杰。該户入口在東側，進門乃一天井式庭院，院中以石凳、石几為主，上置盆景為內容，簡潔明快。東、南、西三面有木欄板和美人靠，尤南側美人靠，緊挨石几，几上置物可近觀或舉手可得。南向有圓拱門可通主樓和宅園，北向有後門可通向墓園。

一九六　許氏宅園之一

許氏宅坐西朝東，規模甚大，主要靠隔牆或高或低劃分出若干園地，主樓以南用稍高牆體分隔出另一宅園；樓前則用矮牆劃分出不同的使用空間和院子。前院一側為貯藏、厠所，矮牆和院牆前均設花臺、石几盆景，頗簡單，形成前院園景。

一九七　許氏宅園之二

主樓前為較寬敞的宅院，瓦片側砌形成鋪地。三邊周以石几、盆景，後為樓，院中有石桌、石凳一套，大樹一棵。此樹和前院花臺上種植的大樹相呼應，一前一後，高大對望，其下矮牆、盆景，層次豐富。這也是皖南私家園林的一種典型做法，僅靠植物、牆、窗形成變化的空間。

一九八　許氏墓園

許氏墓園通過入口天井式庭院北端拾級而下可至。此墓園位于整個住宅之西，和宅亦有較大落差。墓坐南朝北，園中墓後一片叢緑，墓前作菜園，有紫薇老樹一株。走近墓，可見上刻『破萬卷齋主人之墓』并附有許公及元配饒夫人、繼配孫夫人、繼配吳夫人字樣，可知該墓是一合葬墓。墓園寬敞，環之以高大屋牆和院牆。在歙縣縣城中將墓園作為私園緊挨住宅而建，惟見此例。

一九九　竹山書院入口

安徽歙縣雄村竹山書院建于清乾隆二十四年（公元一七五九年），由曹氏干屏、映青兄弟繼父遺命建于其里。書院建成後，與書院毗鄰的私家園林淩雲閣庭園，亦成為村民遊覽勝地。書院位于雄村桃花壩上，臨漸江，面竹山。蒼翠無際作背景，沿堤暮春花放燦若霞錦，有『十里紅雲』之稱。進書院右行乃庭園部分。

二〇〇　凌雲閣庭園『山中天』

庭園之一景為『山中天』，是書院循軒右迴廊而行所見一小園。經側廊暗行，穿一門，則見枇杷盈圃，芭蕉極妍，廊壁嵌大黟青石，上為唐顏魯公書『山中天』三字，字徑尺五六。『山中天』廊正對白牆，果樹成景入畫；側廊則拾級而有高下，開漏窗。舊時院一角有假山一疊，現已毀。

二〇一　凌雲閣庭園清曠軒

清曠軒是庭園主廳，正壁飾曹學詩所撰《所得乃清曠賦》，額懸『所得乃清曠』匾一塊。軒前有平臺，石欄三面圍繞。臺下盛植丹桂，當年族中成約：『凡曹氏子孫中舉者，可于此中植桂一株。』由于清曠軒地勢較高，穿越樹叢仍可見壩上桃花、江上嵐色。

二〇二　凌雲閣與庭園

凌雲閣于庭園之東，是庭園中的『巍然杰峙者』，閣下祀關聖，上祀文昌，書院主題隱喻其中。又清曠軒露臺下近凌雲閣處有池曰『秋葉』（俗稱『泮池』），池水蜿蜒流經閣前石橋；池畔栽杏意為『杏壇』講學；池上老梅垂枝，含蟾宮折桂寓意。從而凌雲閣庭園有象外意境。清曠軒三面設廊，有平臺經粉牆上的洞門轉至軒前露臺。因為有了這一角的粉牆、月洞門和漏窗，使園中兩個主要建築清曠軒和凌雲閣之間，有了園林意味和空間層次。

二〇三　凌雲閣庭園假山

順清曠軒山牆沿廊北行，在清曠軒和『百花頭上樓』之間，以廊連接形成小天井。天井很小，疊壁山却甚峭偉，主峰之巔亂雲飛渡，次峰向之成勢，選石很注重紋理、走向。所謂以壁為紙，以石為繪。登梯上樓，收之圓窗，宛然境遊也。

二〇四　檀幹園小西湖與鏡亭

檀幹園位于歙縣唐模村東，俗稱小西湖。是一富商為娛老母模擬杭州西湖而建。園內三塘相連，寬亘十畝，灌田六十畝，遊憩、灌溉一舉兩得。檀幹園背襯遠山、近依老樹，村落、園林連為一體。園內建鶴皋精舍、迴音亭、笠亭、鏡亭等，尤以鏡亭景勝為最。鏡亭置于水中，通過橋、堤方可入內，似西湖蘇堤用意。亭內有黃庭堅、蘇軾、米芾、朱熹、文徵明、祝枝山、董其昌、八大山人等十八塊書法石刻，均為稀世珍品。檀幹園始建于清初，乾隆年間增修，

毀于文革，公元一九九七年復修。惜復修時未合原貌，屋頂過大，臺砌以紅磚，已失原有小西湖獨有的清淡之美。

二〇五　果園泉石

果園在歙縣西溪南村旗杆坦之東，明嘉靖吳天行所居，相傳為祝枝山所規劃。果園內有大塘一、小塘三，樹有柿、枇杷、花紅、梨、橘、楊柳，花有芙蓉、薔薇、梅、石榴、牡丹、海棠、桂等。有六景：仙人洞、觀花臺、石塔岩、牡丹臺、仙人橋、芭蕉臺。現花木不全，景也多遭破壞。但泉石猶在，十分難得。大塘北為假山，掩映在綠叢之後，池塘駁岸仍依稀可見舊貌：假山臨水前有點步石，餘則或纍石聳立、或卧石成潭引水深邃、或有石階入水浣衣、或植樹置石岸邊成蔭，具自然野趣。

二〇六　果園仙人洞

假山在池塘北面草地上。假山較大，用當地青石疊成下可行人的仙人洞。洞有幾處，互可通行，自假山背面前望，又可見池塘之景，相互滲透。因果園規模較大，舊又花木成林，故假山整體疊作屏山狀，甚合宜。仙人洞上即觀花臺。

二〇七　十二樓假山

十二樓在歙縣西溪南村前街，為明吳養春別業。據《歙誌》云，別業仿倪雲林疊獅子林式，董其昌題字。今部分假山疊石依稀可尋，此為其一。該假山立于池旁，掇當地青石而成，下橫疊成山，上豎立成峰。山旁修竹臨水，山後枇杷依托，成為一景。

二〇八　十二樓水池

十二樓前地廣數畝，天光雲影，上下一碧，取唐人『雁聲遠過瀟湘去，十二樓中月自明』句意。池外列石，假山崚嶒，可望而不可即，從廊下渡石橋，橋畔怪石如人，坐者、卧者、欹立而映水者、蹲伏而傍岸者，俗名八仙渡海。現樓已毀，但水池依舊，池畔假山及石橋等，還依稀可辨。

二〇九　欣所遇齋小院

欣所遇齋是歙縣棠樾村遵訓堂私宅的一部分，為棠樾鮑氏二十四世祖啓運公在嘉慶年間所建。建築坐南朝北，前有存養山房及院落，後有小院。現此後院為主要出入口，外為一巷弄，自巷弄拾級而上，進門後小院甚窄。但面巷弄牆上用茶園石做大漏窗，使出入欣所遇齋時可隔窗而望。漏窗下盆栽置石几上，是典型皖南私家庭院設置。小院轉東可進入書房，轉西則入『曉園』。每當書房門開，正對曉園，視野深遠幽長。

二一〇　欣所遇齋前院

欣所遇齋前院為一高深天井，自樓層下觀，天井中正面牆上有一巨型漏窗，高二米四五，寬八米，承負于高牆之重壓下，歷二百年之滄桑，牆體堅固平整，無一裂縫，為皖南精緻的磚作工藝水平之體現。

二一一　欣所遇齋漏窗

漏窗開設于分隔存養山房和欣所遇齋的高牆上。舊欣所遇齋為會客用，後改作起居間兼書齋，邊廊有門可聯係山房和欣所遇齋。但漏窗却作為一道典雅的視屏鑲嵌于牆中，漏窗前有花臺、盆栽，可作為前景，漏窗後存養山房之活動也成為朦朧一景，反之，欣所遇齋墨香也可飄至存養山房，十分獨特。欣所遇齋聯云『琴書含野潤十雙涼稻繞門香；几席染晴嵐一角烟巒排闥綠』，道出其中意味。

感謝以下諸位先生以各種方式對本卷工作的支持和幫助：

潘谷西、杜順寶、朱家寶、王伯揚、程里堯、曹　汛、喬　勻、任常泰、孟亞男、趙光華、鄧其生、詹永偉、程極悅、鮑　雷、胡榮孫、閻亞寧、李國強、吳宇江、張振光、陳　遼、張十慶、王建國、胡　石

中國美術分類全集

中國建築藝術全集

第18卷

私家園林

圖書在版編目(CIP)數據

中國建築藝術全集 (18) 私家園林 / 陳薇著.
北京：中國建築工業出版社，1999
（中國美術分類全集）
ISBN 7-112-04076-0

I. 中…　Ⅱ. 陳…　Ⅲ. 園林，私家　Ⅳ. TU-986.5

中國版本圖書館CIP數據核字 (1999) 第10383號

中國建築藝術全集編輯委員會　編

本卷主編　陳　薇

出版者　中國建築工業出版社
（北京百萬莊）

責任編輯　張寶林

總體設計　雲　鶴

本卷設計　吴滌生　王　晨　徐　竣　顧咏梅

印製總監　楊一貴

製版者　北京利豐雅高長城製版中心

印刷者　利豐雅高印刷（深圳）有限公司

發行者　中國建築工業出版社

一九九九年五月　第一版　第一次印刷

書號　ISBN 7-112-04076-0 / TU · 3188(9049)

國内版定價三五〇圓